APPLICATION

# DE LA TÉTRAGONOMÉTRIE

## au levé des plans parcellaires

ACCOMPAGNÉ DE PLANCHES DE FIGURES

PAR

**V. BONNEVIE**

géomètre-expert à Chambéry,
ex-géomètre de première classe du cadastre du département de la Savoie,
arpenteur forestier attaché à la 33e conservation,
géomètre-triangulateur du cadastre du département de la Haute-Savoie,
Membre de la Société savoisienne d'Histoire et d'Archéologie.

Les plans levés et construits d'après LA MÉTHODE TÉTRAGONOMÉTRIQUE combinée comme la triangulation avec LES COORDONNÉES RECTANGULAIRES, sont élevés à la hauteur des nécessités actuelles en écartant toutes mesures graphiques dans leur application, bravant les injures du temps, défiant les conquêtes brutales, déjouant les manœuvres des usurpateurs les plus astucieux, fournissant des renseignements précieux à la stratégie militaire, aux études préparatoires des travaux publics, à l'agriculture, et facilitant la mission du magistrat lorsqu'il doit se prononcer sur un de ces procès ruineux, conséquences de l'insuffisance des moyens de fixer la propriété.



PARIS
GAUTHIER-VILLARS
IMPRIMEUR-LIBRAIRE
Quai des Grands-Augustins, 55.

CHAMBÉRY
ANDRÉ PERRIN
LITHOGRAPHE-LIBRAIRE
Rue de Boigne, 6.

1878

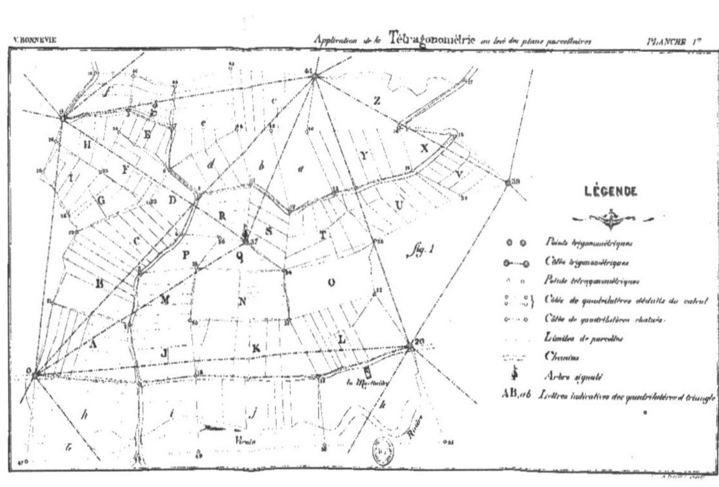
V. BONNEVIE
Application de la Tétragonométrie au levé des plans parcellaires
PLANCHE 1re
fig. 1
LÉGENDE
Points trigonométriques
Côtés trigonométriques
Points tétragonométriques
Côtés de quadrilatères déduits du calcul
Côtés de quadrilatères chaînés
Limites de parcelles
Chemins
Arbre signalé
AB, ab Lettres indicatives des quadrilatères et triangles

# APPLICATION

# DE LA TÉTRAGONOMÉTRIE

AU LEVÉ

# DES PLANS PARCELLAIRES

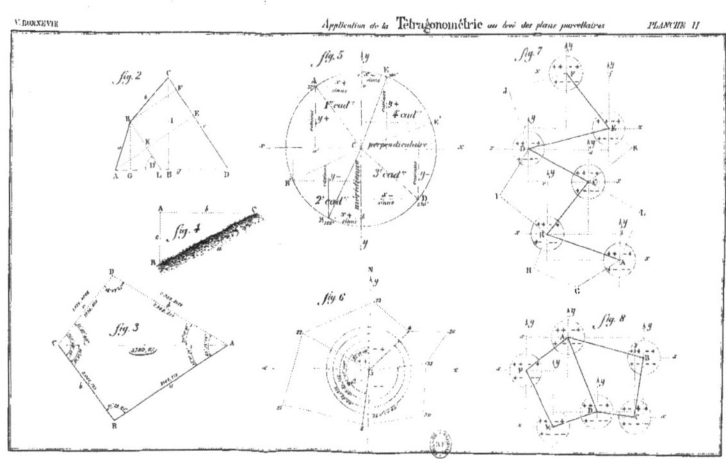
V. BONNEVIE
Application de la Tétragonométrie au levé des plans parcellaires
PLANCHE II
fig. 2
fig. 3
fig. 4
fig. 5
1er cad.t
2e cad.t
3e cad.t
4e cad.t
perpendiculaire
méridienne
fig. 6
fig. 7
fig. 8

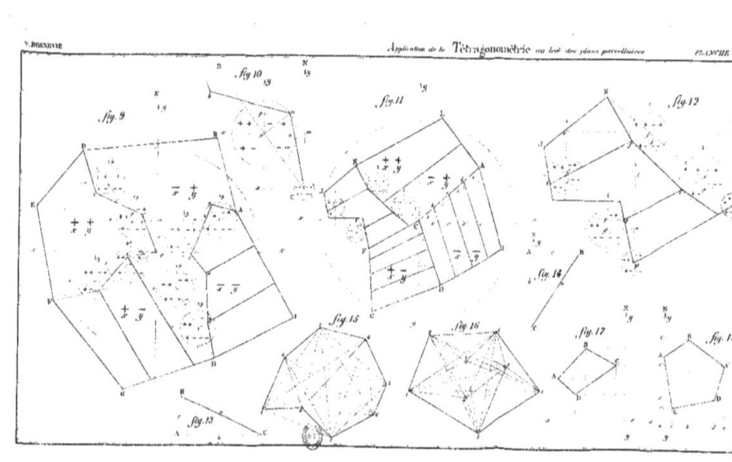
V. BONNEVIE
Application de la Tétragonométrie au levé des plans parcellaires
PLANCHE III
fig. 9
fig 10
fig. 11
fig. 12
fig. 13
fig. 14
fig. 15
fig. 16
fig. 17
fig. 18

CHAMBÉRY
IMPRIMERIE MÉNARD, RUE JUIVERIE, HÔTEL D'ALLINGES
1878

APPLICATION

# DE LA TÉTRAGONOMÉTRIE

## au levé des plans parcellaires

---

ACCOMPAGNÉ DE PLANCHES DE FIGURES

---



PAR

**V. BONNEVIE**

géomètre-expert à Chambéry,
ex-géomètre de première classe du cadastre du département de la Savoie,
arpenteur forestier attaché à la 33e conservation,
géomètre-triangulateur du cadastre du département de la Haute-Savoie,
Membre de la Société savoisienne d'Histoire et d'Archéologie.

Les plans levés et construits d'après LA MÉTHODE TÉTRAGONOMÉTRIQUE combinée comme la triangulation avec LES COORDONNÉES RECTANGULAIRES, sont élevés à la hauteur des nécessités actuelles en écartant toutes mesures graphiques dans leur application, bravant les injures du temps, défiant les conquêtes brutales, déjouant les manœuvres des usurpateurs les plus astucieux, fournissant des renseignements précieux à la stratégie militaire, aux études préparatoires des travaux publics, à l'agriculture, et facilitant la mission du magistrat lorsqu'il doit se prononcer sur un de ces procès ruineux, conséquences de l'insuffisance des moyens de fixer la propriété.



PARIS
GAUTHIER-VILLARS
IMPRIMEUR-LIBRAIRE
Quai des Grands-Augustins, 55.

CHAMBÉRY
ANDRÉ PERRIN
LITHOGRAPHE-LIBRAIRE
Rue de Boigne, 6.

1878

*Le dépôt légal de cet ouvrage a été fait à Chambéry le 8 juin 1878.*

# OUVRAGES DU MÊME AUTEUR (1)

**Tables** de réduction des mesures de Savoie en mesures métriques et *vice-versâ*, suivies d'un tableau de conversion de la valeur du journal en celle des mesures décimales.

Deuxième édition corrigée et augmentée par l'auteur d'une table de conversion de la valeur de l'are en celle du journal, in-12, 1876.

SOUS PRESSE :

**Tables de coordonnées rectangulaires ou de sinus naturels et des cordes,** calculées pour l'ancienne et la nouvelle division du cercle avec un rayon de 10,000,000 et pour les coefficients 1, 2, 3, 4, 5, 6, 7, 8, 9 et 10.

Sans compter une économie considérable de temps, ces tables permettront aux personnes n'ayant aucune notion du calcul logarithmique de rapporter les plans trigonométriquement, avec autant de facilité et en beaucoup moins de temps que le géomètre le plus habile en se servant du calcul logarithmique.

Elles donnent à vue et sur la même ligne, par le déplacement de la virgule, 200 résultats des formules usuelles $b = a \sin B$, $c = a \sin C$ ou $c = a \cos B$ et $2 (a \sin C)$, pour cha-

(1) En vente à la librairie Perrin, à Chambéry.

cune des 5,400 minutes du quart de cercle, et avec une simple addition toutes les solutions des mêmes formules $b$ et $c$ étant les côtés de l'angle droit d'un triangle rectangle.

Elles indiquent, dans les mêmes conditions, dans quel cadran du cercle se trouve l'angle engagé dans le calcul, ainsi que le signe qui convient aux coordonnées et sans soustraction de 180° et 360° les angles avec la méridienne des lignes situées dans les 2e et 4e cadrans ; ceux des 1er et 3e cadrans sont donnés directement par les instruments.

Elles donnent aussi la conversion de la division sexagésimale du cercle en celle décimale.

Ces tables seront un puissant auxiliaire pour tous les géomètres soucieux de leur profession ; elles détermineront aussi, croyons-nous, ceux qui ne sont point familiarisés avec les calculs trigonométriques à abandonner la routine et le graphicisme pour employer la méthode si simple et si rigoureuse des coordonnées rectangulaires, en vue de laquelle nous avons spécialement fait nos calculs.

Nous sommes certain, autant qu'il est possible de l'affirmer, qu'aucune erreur ne s'est glissée dans notre travail ; c'est cette condition de certitude dans ce genre d'ouvrage qui fera le principal mérite de notre œuvre, dont nous avons d'ailleurs eu soin de collationner la première colonne, base de toutes les autres, sur la dernière édition des tables unitaires de Vlac et sur la troisième édition de celles de Tom Richard ; ce collationnement nous a fait découvrir 19 erreurs dans le premier de ces ouvrages et 53 dans le second.

**Tables de tangentes.** Nous avons aussi entrepris et terminé, mais à un autre point de vue, le même travail pour les tangentes.

Chacune de ces tables formera un vol. in-8° d'environ 100 pages de texte et de figures et 360 pages de chiffres.

# AVERTISSEMENT

La rédaction du présent mémoire a été faite *ex abrupto,* à la suite du désir exprimé de se rendre compte du mérite des levés tétragonométriques par une personne dont les sentiments de bienveillance à notre égard nous créent le devoir de considérer les prières comme des ordres ; on voudra donc bien nous tenir compte de cette circonstance.

Cet essai n'est d'ailleurs qu'un minuscule jalon qui pourrait peut-être devenir le signal d'une réforme dans le levé des plans parcellaires, si quelques-uns de nos savants collègues daignaient nous prêter le bienveillant concours de leurs lumières et de leur zèle pour ce qui peut, en général, faire progresser notre profession.

Désirant que cet exposé reste à la portée de tous, nous l'avons, autant que possible, dégagé des formules qui auraient pu rebuter les géomètres qui ne sont point familiarisés avec les calculs trigonométriques,et pour être plus clair nous y avons joint plusieurs figures et calculs numériques propres à seconder l'esprit et la mémoire, car, comme dit Poinsot :

« Notre esprit ne marche guère qu'à l'aide des « signes et des images, et quand il cherche à péné- « trer pour la première fois dans de nouvelles ques- « tions, il n'a pas trop de ces deux moyens et de « cette force particulière qu'il ne tire souvent que « de leur concours. »

Nous ajoutons encore que ce n'est qu'à la suite de sollicitations de quelques amis que nous nous sommes décidé à livrer cet essai à la publicité.

# TABLE DES MATIÈRES

*Considérations générales.*

*Calcul des surfaces.*



## Fautes essentielles à corriger.

| AU LIEU DE : | LISEZ : |
|---|---|
| Page 5, ligne 23. | |
| $c \sin D = \frac{a \sin A \text{ b} \sin (A+B)}{\sin D}$ | $c = \frac{a \sin A - b \sin (A+B)}{\sin D}$ |
| Page 6, ligne 4. | |
| $d \sin D = \frac{b \sin C + a \sin (A+D)}{\sin D}$ | $d = \frac{b \sin C + a \sin (A+D)}{\sin D}$ |
| Page 7, dernière ligne. | |
| $= 2 \sin 45^\circ + (\sin 45^\circ - \varphi)$ | $= 2 \sin 45^\circ \sin (45^\circ - \varphi)$ |
| Page 8, ligne 5. | |
| $= \frac{a \sin A \sin (45^\circ - \varphi) \varphi \sqrt{2}}{\cos \varphi \sin D}$ | $= \frac{a \sin A \sin (45^\circ - \varphi) \sqrt{2}}{\cos \varphi \sin D}$ |
| Page 8, ligne 7. | |
| $= \frac{b \sin C \cos (45^\circ - \varphi') \varphi \sqrt{2}}{\cos \varphi' \sin D}$ | $= \frac{b \sin C \cos (45^\circ - \varphi') \sqrt{2}}{\cos \varphi' \sin D}$ |
| Page 8, colonne 2 du tableau. | |
| 630° | 360° |
| Page 19, ligne 11. | |
| Supprimez le nombre : 27 | |
| Figure 8, planche 2, au point C, premier cadran. | |
| + − | + + |
| Planche 2, figure 6. | |
| 123° 45' 00" | 173° 45' 00" |

# MÉMOIRE

OU EXPOSÉ SUCCINCT

SUR UN ESSAI DE L'APPLICATION

DE LA

TÉTRAGONOMÉTRIE (*)

AU LEVÉ DES PLANS PARCELLAIRES

## Considérations générales.

**1.** Les pays couverts par des haies épaisses et fourrées, les lignes d'arbres formant clôture, les arbres à fruits, les vignes à hautes tiges, les bois-taillis, les futaies, les marais boisés, etc., ainsi que les terrains livrés à la culture houblonnière, opposent aux géomètres chargés de grandes opérations des obstacles qu'ils surmontent trop souvent et malgré leur bon vouloir au détriment de l'exactitude du travail qui leur est confié. Des difficultés

---

(*) Du grec tetra *quatre,* gonos *angle,* métrie *mesure.*

de ce genre, que nous venons d'éprouver sur les bords du lac Léman pour l'exécution de la triangulation cadastrale du département de la Haute-Savoie, nous ont conduit à rechercher une méthode propre à vaincre ces difficultés et à donner aux opérations de détail une justesse qu'il n'est pas possible d'atteindre, croyons-nous, par les méthodes employées ordinairement dans les levés de grande étendue, surtout si, en vue d'obtenir des résultats plus précis et pour conserver les éléments mêmes de la construction, on se propose d'inscrire sur le plan les mesures prises sur le terrain afin d'assurer l'utilité de ce travail pour l'avenir.

**2.** Que l'on se figure une contrée réunissant les obstacles énoncés ci-dessus et accumulés sur un sol plat ou légèrement tourmenté, supposons encore un parcellaire très-irrégulier; par suite de cet enchaînement de circonstances, la triangulation deviendra sinon impossible mais au moins très-difficile, comme dans les départements de l'Ouest par exemple; le géomètre chargé du détail éprouvera par la même cause des difficultés sans cesse renaissantes qui finiront par lui laisser du doute, de l'incertitude et de l'inquiétude sur le résultat final de ses opérations.

Après avoir parcouru le terrain, le géomètre reconaîtra bientôt qu'il lui sera difficile d'établir un cadre convenable pour l'ensemble des grandes lignes; que les passages des lignes trigonométriques étant incertains, et même quelquefois impossibles à établir, il ne pourra par conséquent rattacher avec confiance ses grandes lignes d'opération, lesquelles, par suite des divisions sinueuses des mas, contrées ou champtiers, ne lui seront d'aucune utilité pour le levé du parcellaire, et que, d'un autre côté, la nécessité d'inscrire les cotes sur son plan l'oblige à établir de nombreuses lignes auxiliaires pour que les moyens d'exécution soient en harmonie avec le but qu'il se propose d'atteindre. En présence de cette situation, il cherchera à établir des points secondaires; mais il reconnaîtra bientôt encore que cet espoir ne peut même être réalisé convenablement, car l'horizon est borné, et malgré un temps précieux passé à rechercher des emplacements favorables, ces points secondaires, si toutefois il peut les déterminer, le seront dans des conditions tellement défavorables qu'il considérera dès le début son travail comme défectueux. Mais que faire alors ; quand on fait ce que l'on peut, ne fait on pas ce que l'on doit ?

---

# DESCRIPTION

## et application de la méthode

## TÉTRAGONOMÉTRIQUE.

---

**3.** Cependant, malgré cette situation si défavorable, l'œil du géomètre exercé reconnaîtra bientôt un moyen aussi simple que certain de sortir de ce dédale et sans aucun risque de s'égarer, ni de commettre d'erreurs autres que celles qui surgissent naturellement dès lors qu'on *passe de la théorie à la pratique*.

En effet, comme l'indique le croquis ci-joint *(fig. 1)*, il verra qu'un terrain quelconque peut toujours et à priori se décomposer en tétragones ou quadrilatères (*) encadrant ou non les mas ou champtiers et disposés de manière à passer très-près des extrémités des parcelles, de façon que chaque côté des quadrilatères deviendra alors une ligne d'opération à l'aide de laquelle il lèvera le périmètre du champtier et établira toutes les lignes auxiliaires qui seront nécessaires. Ce travail peut s'effectuer très-

---

(*) Nous avons préféré conserver cette dernière dénomination comme étant plus familière aux géomètres.

vite et sans perte de temps, car en faisant la reconnaissance des propriétés, le géomètre, profitant des chemins, sentiers, clairières, etc., plantera les jalons qui devront fixer les angles des quadrilatères et devenir de *véritables points trigonométriques* (22) si au cours de l'opération on a soin de les repérer ou de les fixer sur le sol, car tous ces quadrilatères étant définitivement arrêtés, il ne s'agit plus que de les coordonner et de leur assigner leur véritable place en les rattachant à la triangulation, ce que nous ferons de la manière suivante :

**4.** Dans tout quadrilatère A B C D *(fig. 2)*, dont on connaît les angles et deux côtés, on arrive à la connaissance des deux autres côtés par les formules :

$$1^{re}\quad c = \frac{a \sin A - b \sin (A' + B)}{\sin D},$$

$$2^{me}\quad d = \frac{b \sin C + a \sin (A + D)}{\sin D}.$$

Lesquelles formules se démontrent comme suit :

Menons CH et BG perpendiculaires à AD, AE et BF perpendiculaires à CD, BI perpendiculaire à CH et BKL perpendiculaire à AE, nous avons alors : CH $=$ BG $+$ CI ou $c \sin D = a \sin A + b \sin CBI$. Or $CBI + 90° + (90° - A) = B$, d'où $CBI = A + B - 180° = -\left[180° - (A + B)\right]$ par suite $\sin CBI = -\sin (A + B)$ et

$$c \sin D = \frac{a \sin A - b \sin (A + B)}{\sin D},$$

C'est la première formule.

Maintenant on a AE $=$ BF $+$ AK ou $d \sin D = b \sin C + a \sin ABK$.

Mais ABK = 180° — (A + D) d'où sin ABK = sin (A + D).

Par suite :

$$d \sin D = \frac{b \sin C + a \sin (A + D)}{\sin D},$$

C'est la deuxième formule.

Appliquons ces formules à un quadrilatère (*fig.* 3) formé de deux triangles adjacents, de deuxième ordre, pris dans une triangulation particulière de la commune de Thoiry (Savoie) :

A = 63° 27' 00"
B = 91° 34' 00"

(A + B) = 155° 01' 00"

A = 63° 27' 00"
D = 98° 09' 50"

(A + D) = 161° 36' 50"

Pour la première formule nous avons :

Log. $a$ = 3. 4927201
+Log. sin A = 9. 9516020

3. 4443221 = 2.781ᵐ 775

— { Log. $b$ = 3. 3152928
+Log.s.(A+B)= 9. 6256772

2. 9409700 = 872ᵐ 911

Log. 1.908.864 = 3. 2807749
— Log. sin D = 9. 9955764

Log. $c$ = 3. 2851985
D'où $c$ = 1.928ᵐ 4066

Et pour la deuxième :

$$
\begin{array}{rl}
\text{Log. } b & = 3.3152928 \\
+ \text{ Log. sin C} & = \underline{9.9810124} \\
 & \phantom{=} 3.2963052 = 1.978^{m}359
\end{array}
$$

$$
+\left\{\begin{array}{rl}
\text{Log. } a = & 3.4927201 \\
+\text{Log.s.(A+D)} = & \underline{9.4988879}
\end{array}\right.
$$

$$2.9916080 = \underline{\phantom{0}980.862}$$

$$
\begin{array}{rl}
\text{Log. } 2.959.221 & = 3.4711773 \\
-\text{Log. sin D} & = \underline{9.9955764} \\
\text{Log. } d & = 3{,}4756009 \\
\text{D'où } d & = 2.989^{m}5164
\end{array}
$$

Pour rendre directement ces formules calculables par logarithmes, écrivons :

$$c \sin \mathrm{D} = a \sin \mathrm{A} \left( 1 - \frac{b \sin (\mathrm{A} + \mathrm{B})}{a \sin \mathrm{A}} \right)$$

$$d \sin \mathrm{D} = b \sin \mathrm{C} \left( 1 + \frac{a \sin (\mathrm{A} + \mathrm{D})}{b \sin \mathrm{C}} \right)$$

Posons maintenant $\dfrac{b \sin (\mathrm{A}+\mathrm{B})}{a \sin \mathrm{A}} = \mathrm{tg}^{e}\ \varphi$ et $\dfrac{a \sin (\mathrm{A} + \mathrm{D})}{b \sin \mathrm{C}} = \mathrm{tg}^{e}\ \varphi'$

$$c \sin \mathrm{D} = a \sin \mathrm{A}\, (1 - \mathrm{tg}^{e}\ \varphi) = \frac{a \sin \mathrm{A}\, (\cos \varphi - \sin \varphi)}{\cos \varphi}$$

$$d \sin \mathrm{D} = b \sin \mathrm{C}\, (1 + \mathrm{tg}^{e}\ \varphi') = \frac{b \sin \mathrm{C}\, (\cos \varphi' + \sin \varphi')}{\cos \varphi'}$$

or, $\cos \varphi - \sin \varphi = \cos \varphi - \cos (90^{\circ} - \varphi)$ et l'on sait que $\cos q - \cos p = 2 \sin \frac{1}{2} (p + q) \sin \frac{1}{2} (p - q)$, d'où $\cos \varphi - \cos (90^{\circ} - \varphi) = 2 \sin 45^{\circ} + \sin (45^{\circ} - \varphi)$.

On a de même :

$$\cos \varphi' + \sin \varphi' = \cos \varphi' + \cos (90^\circ - \varphi') = 2 \cos 45^\circ \cos (45^\circ - \varphi')$$

Par suite, nos formules deviennent :

$$1^{re}\ c = \frac{2\, a \sin A \sin 45^\circ \sin (45^\circ - \varphi)}{\cos \varphi \sin D} = \frac{a \sin A \sin(45^\circ - \varphi) \sqrt{2}}{\cos \varphi \sin D}$$

$$2^{me}\ d = \frac{2\, b \sin C \cos 45^\circ \cos (45^\circ - \varphi')}{\cos \varphi' \sin D} = \frac{b \sin C \cos(45^\circ - \varphi') \sqrt{2}}{\cos \varphi' \sin D}$$

Effectuant ces derniers calculs d'après les mêmes données de la figure 3, nous avons :

Pour $c$, première formule.

| | | |
|---|---|---|
| Log. $b$ | 3.3152928 | |
| Log. sin (A + B) | 9.6256772 | |
| Comp. log. $a$ | 6.5072799 | |
| Comp. log. sin A | 0.0483980 | 45° 00' 00" |
| Tang. $\varphi$ = | 9.4966479 = | 17° 25' 18" |
| | (45° — $\varphi$) = | 27° 34' 42" |

| | | |
|---|---|---|
| Log. $a$ | 3.4927201 | |
| Log. sin A | 9.9516020 | |
| Log. sin (45° — $\varphi$) | 9.6655442 | |
| Log. $\sqrt{2} = \frac{1}{2}$ log. 2 | 0.1505150 | |
| Comp. log. cos $\varphi$ | 0.0203937 | |
| Comp. log. sin D | 0.0044236 | |
| Log. $c$. = | 3.2851986 | = 1.928$^{m}$ 406 |

Pour $d$, deuxième formule.

| | | | |
|---|---|---|---|
| Log. $a$ | 3.4927201 | | |
| Log. sin (A + D) | 9.4988879 | | |
| Comp. log. $b$ | 6.6847072 | | |
| Comp. log. sin C | 0.0189876 | (*) | 44° 59' 60" |
| Tang. $\varphi'$ = | 9.6953028 | = | 26° 22' 19" |
| | (45° — $\varphi'$) | = | 18° 37' 41" |

| | | | |
|---|---|---|---|
| Log. $b$ | 3.3152928 | | |
| Log. sin C | 9 9810124 | | |
| Log. cos (45° — $\varphi'$) | 9.9766306 | | |
| Log. $\sqrt{2} = \frac{1}{2}$ log. 2 | 0.1505150 | | |
| Comp. Log. cos $\varphi'$ | 0.0477262 | | |
| Comp, log. sin D | 0.0044236 | | |
| Log. $d$ = | 3.4756006 | = | 2.989$^{m}$ 516 |

Vérifions maintenant ces divers résultats en décomposant la figure 3 en deux triangles ACB et ACD, tels qu'ils sont tirés de la triangulation de la commune de Thoiry :

Nous aurons pour le premier en désignant la base AC par $a'$, $a = \frac{a' \sin C}{\sin B}$, $b = \frac{a' \sin A}{\sin B}$

Et pour le second, $c = \frac{a' \sin A}{\sin D}$, $d = \frac{a' \sin C}{\sin D}$

---

(*) On peut écrire pour faciliter la soustraction, 44° 59' 60" = 45°.

Calcul du triangle ACB.

| | |
|---|---|
| Log. AC. = | 3.5775662 |
| + Log. sin C = | 9.9149916 |
| | 3.4925578 |
| — Log. sin B = | 9.9998376 |
| Log. $a$ = | 3.4927202 = 3.109$^{m}$ 712 |

| | |
|---|---|
| Log. AC = | 3.5775662 |
| + Log. sin A = | 9.7375643 |
| | 3.3151305 |
| — Log. sin B = | 9.9998376 |
| Log. $b$ = | 3.3152929 = 2.066$^{m}$ 773 |

Calcul du triangle ACD.

Pour abréger les calculs on peut poser :

| | | | |
|---|---|---|---|
| Log. AC = | 3.5775662 | | |
| — Log. sin D = | 9.9955764 | | |
| | 3.5819898 .............. | | 3.5819898 |
| + Log. sin A = | 9.7032091 | + logsin C = | 9.8936113 |
| Log. $c$ = | 3.2851989 | Log. $d$ = | 3.4756011 |
| D'où $c$ = | 1,928,408 | et $d$ = | 2.989, 517 |

Ou mieux encore :

| | | |
|---|---|---|
| Log. $c$ = | 3.2851989 = 1.928.408 | Résultats identiques à ceux donnés par les formules première et deuxième. |
| Log. sin A = | 9.7032091 | |
| Log. AC = | 3.5775662 | |
| Comp.log.sin D = | 0.0044236 | |
| Log. sin C = | 9.8936113 | |
| Log. $d$ = | 3.4756011 = 2.989$^{m}$ 517 | |

Ces diverses manières de disposer les calculs trigonométriques nous engagent à dire ici quelques mots étrangers à notre sujet.

Il est de toute évidence que le premier mode suivi pour le calcul du triangle ACD a un avantage marqué sur celui employé pour le triangle ACB, et que le second mode employé pour le même triangle ACD a le même avantage sur le premier comme étant dégagé des répétitions de logarithmes. Toutefois, cette dernière méthode oblige à rechercher le complément arithmétique de sin D, soit en général du sinus du sommet opposé à la base. Ce calcul et tous les ennuis inséparables de l'ancienne division du cercle n'auraient pas lieu si, à l'exemple du corps savant des officiers d'état-major, on adoptait enfin la division décimale, car les compléments arithmétiques des sinus et tangentes se trouvent directement dans les tables de Borda ; pour le *sinus*, c'est le logarithme de la *cosécante ;* pour la *tangente*, c'est celui de la *cotangente*. On se rend immédiatement compte de ce que cette manière d'effectuer les calculs trigonométriques économiserait de temps et apporterait de soulagements aux calculateurs. Nous faisons donc des vœux ardents pour que les administrations, toujours si bienveillantes pour améliorer le sort des employés soucieux de leur devoir, autorisent ceux spécialement chargés des calculs trigonométriques à employer la division décimale du cercle. Ce n'est point ici le lieu d'énumérer les nombreux avantages résultant de l'emploi de cette division et d'étendre cette digression, mais nous ne pouvons résister à citer l'opinion de DELAMBRE, ce savant à qui nous sommes redevables *de la mesure de l'arc du méridien entre Dunkerque et Barcelone* (*) :

(*) Cette opération a été la base de notre système métrique.

« Cette division est beaucoup plus commode pour « l'usage du cercle répétiteur et le serait également pour « les verniers de tous les instruments quelconques. Plu- « sieurs personnes tiennent encore à l'ancienne division « par habitude et parce qu'elles n'ont fait aucun usage « de la nouvelle ; mais aucun de ceux qui les ont prati- « quées toutes deux ne veut retourner à l'ancienne. »

En effet, il résulte d'observations faites par des opérateurs habiles qu'avec la division centésimale, on arrive :

Comme célérité, à 1/6 en plus ;

Comme erreur, à 3/4 en moins.

La cause de ces résultats provient de l'alternation des dénominateurs 6 et 10 dans l'ancienne division en passant d'un chiffre à celui de l'ordre suivant, tandis que la nouvelle, au contraire, présente constamment le dénominateur 10.

Comme on le voit, ces formules donnent les mêmes résultats que celles employées dans les calculs ordinaires d'une triangulation. Mais si la méthode tétragonométrique que nous essayons de démontrer ici peut heureusement fournir la solution de certaines difficultés qui se présentent quelquefois dans le cours d'une triangulation, elle ne s'appliquera jamais guère dans le détail qu'à des côtés moyens de deux ou trois cents mètres ; il n'est donc pas nécessaire d'effectuer les calculs avec autant de précision et, dans ce cas, les petites tables de Lalande, revues par Dupuis, donnant les différences par unités ou dizaines de secondes, seront suffisantes. Il est néanmoins à désirer, quand les côtés dépasseront ces longueurs, que ces formules soient appliquées avec les moyens précis que l'avancement de la science et la perfection apportée à la construction des instruments de mathématiques le permettent ; ces derniers, sous un très-petit volume, donnent facilement les 30"(*); alors on aura recours aux tables de Callet ou autres de même étendue pour effectuer les calculs ; les notions les plus élémentaires du calcul logarithmique suffisent d'ailleurs pour résoudre les formules appliquées ci-dessus. Cependant, il faut bien l'avouer, quelques géomètres partisans déclarés de la routine, cette ennemie du progrès, éprouveraient peut-être un certain embarras pour se livrer aux calculs trigonométriques ; est-ce à dire qu'ils doivent être privés des avantages de cette méthode ? Non : l'expérience s'est probablement chargée, et plus d'une fois déjà, de leur prouver combien ils ont à regretter de se trouver continuellement à la remorque de leurs confrères ; il est donc à espérer qu'ils feront quelques efforts pour arriver à la connaissance et à l'application d'une méthode aussi simple qu'exacte, qui n'exige d'ailleurs de la part des opérateurs qu'un peu de bonne volonté et un savoir fort restreint, or l'application de ces formules peut singulièrement se sim-

(*) On trouve à Paris chez M. Richer et Cie, fabricants d'instruments de mathématiques, rue de la Cerisaie, 15, un théodolite déclinateur et répétiteur d'un diamètre de 0,21, donnant horizontalement les 10", verticalement les 20". Cet instrument, construit d'après nos dessins et nos indications, est muni de quatre loupes pour faciliter les lectures qui se vérifient toujours sur 180° au vernier opposé tant horizontalement que verticalement ; quatre pinces, quatre vis de rappel et quatre vis de buttée procurent toutes les facilités désirables pour son maniement et sa déclinaison. Le tirage des lunettes se fait à l'objectif, afin d'éviter les erreurs qui peuvent se produire lorsque vers l'oculaire les tubes métalliques ne sont pas exactement calibrés.

On trouve aussi chez le même constructeur une règle logarithmique, en cuivre ou en bois, de 0,40 que nous avons spécialement fait disposer pour le calcul des coordonnées rectangulaires, ainsi que pour la réduction à l'horizon des mesures données par la lunette anallatique.

plifier et devenir accessible à toutes les intelligences par le moyen des tables de coordonnées donnant immédiatement et sur la même ligne les facteurs *a* sin A, *b* sin (A+B), *b* sin C, *a* sin (A+D); le calcul se réduit ainsi à de simples additions dont tous les éléments sont sur la même ligne (*). Si l'on représente par P la somme ou la différence des produits ci-dessus, il resterait encore à calculer les tables donnant les résultats de $\frac{P}{\sin D}$, tâche bien lourde pour nos faibles moyens d'exécution ; cependant nous n'avons point renoncé à l'espoir de l'entreprendre et de la conduire à bonne fin.

**5.** La possibilité d'arriver à la connaissance d'un quadrilatère, deux de ses côtés et les angles étant donnés, voyons comment nous pourrons déterminer les inconnues d'une chaîne de quadrilatères sans être obligé de recueillir sur le terrain les facteurs *a* et *b* (*fig. 2*); nous ferons tout d'abord le choix d'un passage propice pour traverser le réseau tétragonométrique (*fig. 1*), en suivant autant que possible et de préférence les côtés des quadrilatères successifs établis le long des chemins, sentiers ou sur le terrain le plus découvert, comme les côtés (0. —.1), (1 —.2), (2 —.3), (3 —. 4),(4 —.5), (5 —.6), (6 —.7),

---

(*) Nous avons calculé ces tables de minute en minute pour l'ancienne et la nouvelle division du cercle, pour un rayon de 10.000.000, et pour les multiplicateurs 1, 2, ., ., ., ., ., ., ., 10, qui peuvent être considérés décimalement 10, 100, 1.000, 10.000, etc., plus grands ou plus petits que l'unité ; elles indiquent à vue dans quel cadran du cercle se trouve l'angle employé dans le calcul, le signe qui convient aux coordonnées, ainsi que les angles complémentaires des azimuts des 2e et 4e cadrans, soit l'angle avec la méridienne ; leur disposition nous permet d'affirmer qu'elles seront un puissant auxiliaire pour les calculs trigonométriques ; nous sommes heureux de leur trouver une nouvelle application dans la méthode tétragonométrique.

(7 —. 8),(8 —. 9), (9 —. 10), (5 —. 6),(—.), (—.), (—.),(—.), (—.), (—.), (—.), (—.), (—.). (—.),(—.17) ; ces côtés seront ensuite chaînés dans le sens le plus favorable ainsi que quelques côtés des quadrilatères extérieurs du polygone, comme (1 —.18), (18 —. 19), (19 —. 20). Remarquons que ces côtés doivent être chaînés avec un soin tout spécial, car ils sont à la tétragonométrie ce qu'une base est à la triangulation. Puis à chacun des points du réseau qui peut comprendre une feuille, une section et même une commune entière, puisqu'il est intimément lié à la triangulation, nous prendrons les angles des quatre quadrilatères adjacents, en observant que la somme des angles pris autour d'un point est égale à 360°; *cette vérification se fera l'instrument étant encore en station*, et en disposant l'inscription des sommets visés dans la première colonne du tableau n° 1, les angles donnés par le tour d'horizon dans la 2e colonne et les résultats des soustractions ou angles entre deux côtés dans une troisième colonne. Si les observations ont été bien faites la somme des restes ou différences de cette dernière colonne sera toujours égale à 360°,*abstraction des différences tolérables dans la pratique* et qui seront réparties sur les quatre angles, comme cela d'ailleurs a lieu dans les opérations ordinaires.

La connaissance de trois angles suffirait à la rigueur pour résoudre un quadrilatère puisqu'en supposant B inconnu, on aurait : $B = 360° - A + C + D$ ; mais on ne devra jamais user de la faculté de conclure le 4e angle, que lorsque l'un des angles du quadrilatère sera inaccessible, comme un clocher, une tour ou un point quelconque situé au-delà d'un ravin profond, d'une rivière et où on ne pourrait arriver à observer sans danger ou sans dépense excédant le mérite de l'opération.

Supposons donc l'instrument au point 3, nous aurons d'après ce qui a été dit ci-dessus ; voir aussi n° 11.

## Tableau n° 1.

STATION AU POINT N° 3.

| Points. | Angles observés. | Angles des quadrilatères déduits de la colonne 2 | Azimuts déduits. | Côtés chaînés. | OBSERVATIONS |
|---|---|---|---|---|---|
| 1 | 2 | 3 | 4 (*) | 5 | 6 |
| 22 | 000° 00' 00" | | | | |
| | | 110° 35' 00" | | | |
| 2 | 110 35 00 | | | | |
| | | 103 27 00 | | | |
| 33 | 214 02 00 | | | | |
| | | 37 40 00 | | | |
| 4 | 251 42 00 | | | | |
| | | 108 18 00 | | | |
| 22 | 360 00 00 | | | | |
| | | 360° 00' 00" | | | |

La différence entre les nombres inscrits dans la deuxième colonne se fait à vue et sans poser aucun chiffre ; cependant il est toutefois à remarquer que c'est le nombre supérieur qui doit être retranché du nombre inférieur ; l'opérateur peut pour la commodité de ses opérations renverser sans inconvénient l'inscription des angles ; ainsi, au lieu d'observer de droite à gauche, il observerait de gauche à droite et aurait l'ordre du tableau suivant sous n° 2.

(*) Azimuts déduits de la triangulation et combinés avec les angles des quadrilatères.

## Tableau n° 2.

STATION AU POINT N° 3.

| Points. | Angles observés. | Angles des quadrilatères déduits de la colonne 2 | Azimuts déduits. | Côtés chaînés. | OBSERVATIONS |
|---|---|---|---|---|---|
| 1 | 2 | 3 | 4 (*) | 5 | 6 |
| 22 | 630° 00' 00" | | | | |
| | | 108° 18' 00" | | | |
| 4 | 251 42 00 | | | | |
| | | 37 40 00 | | | |
| 33 | 214 02 00 | | | | |
| | | 103 27 00 | | | |
| 2 | 110 35 00 | | | | |
| | | 110 35 00 | | | |
| 22 | 000 00 00 | | | | |
| | | 360° 00' 00" | | | |

Mais il n'y a là qu'une affaire d'habitude laissée au choix de celui qui opère ; quelques minutes seulement suffiront pour chacune des stations dont les résultats ne laisseront jamais place à aucun doute dans l'esprit de l'opérateur. Les erreurs de lecture inhérentes à toutes les méthodes sont seules à redouter : elles se dévoileront toujours au moment des calculs, les quatre angles d'un quadrilatère valant 360°; mais un moyen bien simple d'éviter ces erreurs est de faire les deux lectures d'après les dispositions des tableaux n°s 1 et 2. Ces tableaux, comme ceux qui suivront, peuvent être établis au gré de l'opérateur ; il peut même pour sa commodité les réunir

(*) Azimuts déduits de la triangulation et combinés avec les angles des quadrilatères (11).

en un seul qui présenterait alors l'ensemble de toutes les opérations.

Remarquons encore que l'instrument dont nous nous sommes servi est divisé de droite à gauche, nous en donnerons la raison plus loin (9) (10) et (11).

En faisant les observations aux angles des quadrilatères dont les points font en même temps partie du réseau trigonométrique, comme aux points 0, 9, 20, 37, 39 et 41 *(fig. 1)*, le géomètre doit avoir soin de comprendre dans les tours d'horizon tout ou partie des points trigonométriques qu'il peut apercevoir, selon la nécessité, condition qui devra toujours être remplie, car l'observation de ces points donnera l'azimut de départ ou angle avec la méridienne pour calculer les coordonnées de chacun des points de la chaîne de quadrilatères (21); ainsi, au point 0, il prendra l'angle sur 1, 20, 37, 41, 21 et 9 et toujours en ayant soin de compléter le tour d'horizon.

**6**. L'observation des angles terminée, l'opérateur se livrera au calcul des côtés des quadrilatères (20) en adoptant la marche suivante :

Avec les côtés (0 —. 1), (1 —. 2) il déduira les inconnues du quadrilatère A; celles du quadrilatère B avec (21 —.2), (2 —. 3); quadrilatère C avec (22—. 3), (3 —. 4); quadrilatère D avec (23 —. 4), (4 —. 5). Remarquons ici que le côté (5 —. 6) est déjà donné par le chaînage et que le calcul doit donner un résultat identique, condition précieuse pour le calculateur, car il possède les éléments nécessaires pour vérifier ses opérations et se rendre compte s'il laisse en arrière une erreur quelconque, vérification qu'il rencontrera également dans les quadrilatères RSTD et dans le triangle X. Remarquons encore que toute facilité lui est donnée pour chaîner un côté sur lequel il reviendra avec les calculs comme (31 —. 34) par exemple. Il aura ainsi une base de vérification qui lui permettra toujours d'opérer avec certitude: continuant les calculs, il aura les inconnues du quadrilatère E avec (6 —. 7), (7 —. 8); quadrilatère F avec (23 —. 6), (6 —. 24); quadrilatère G avec (22 —. 23), (23 —. 25); quadrilatère H avec (25 —. 24) + (24 —. 8), (8 —. 9); quadrilatère I avec (28 —. 25), (25 —. 26).

Ainsi, partant du point trigonométrique O, nous sommes arrivé au point trigonométrique inscrit sous le n° 9, et le calcul des coordonnées de chacun des points 1, 2, 3, 4, 5, 6, 7, 8, 9, 21, 22, 23, 24, 25, 26, 27, 28 et 29 vérifie par rapport aux points 0 et 9 la position de chacun des dix-sept points intermédiaires : de telle sorte qu'aucune erreur ne peut passer inaperçue puisque la valeur des coordonnées partielles des points de détail doit cadrer avec les coordonnées du point trigonométrique à l'arrivée; on peut donc dire que cette méthode *décèle par ses résultats la preuve du soin apporté dans le travail.*

On continuera le calcul des quadrilatères suivants, dans l'ordre indiqué sur le croquis, et l'on verra qu'on aurait pu se dispenser de chaîner, comme on l'a dit précédemment, les côtés (5 —. 11), (11 —. 12), (12 —. 13), car le côté (4 —. 5) étant chaîné et le côté sud du quadrilatère R = (4 —. 36) + (36 —. 37) = (4 —. 37) qu'on arrive à déduire du calcul des quadrilatères PQ suffisent pour arriver à la connaissance des côtés (5 —. 11), (11 —. 37); dans le quadrilatère S, on a également (11 —. 37), (37 —. 34), on déduira encore les côtés (11 —. 12), (12 —. 34), le premier déjà donné par le chaînage, etc. Mais, on ne saurait trop le répéter, dans une grande opération on doit rechercher les moyens de se vérifier aussi souvent que possible et on n'a jamais à se repentir d'un surcroît de précautions ; au contraire, la moindre négligence peut se propager et vicier les opérations. Il se peut encore que la disposition des lieux oblige à ne faire qu'un triangle au lieu d'un quadrilatère, mais cette circonstance n'est aucunement défavorable, cette méthode se prêtant admirablement à l'adjonction de cette figure comme on peut le voir par le triangle X. Deux côtés de ce triangle se trouvent compris dans le cheminement (5 —.)..... (—. 17); le calcul de cette dernière figure, dont deux côtés et trois angles sont connus, donnera une nouvelle vérification, sur l'un des côtés (14 —. 15), ou (15 —. 16), selon que l'on emploiera l'un ou l'autre de ces côtés pour base dans le calcul qui conduira à la connaissance du côté (16 —. 14) commun avec le quadrilatère adjacent ; ce dernier côté donnera avec celui (13 —. 14), connu par le chainage, les éléments nécessaires pour arriver aux inconnues du quadrilatère Y. Les parcelles longues et sinueuses peuvent être coupées par un côté comme celui (8 —. 46).

**7.** Dans les villes et les villages, cette méthode permet d'envelopper les îlots de constructions, de les faire concorder entre eux en même temps qu'avec la triangulation, et avec toute l'exactitude dont la science est susceptible dans le domaine de la pratique. Qui ne sait encore avec quel déplaisir le cultivateur voit le géomètre pénétrer dans ses récoltes et les traverser en tous sens pour établir l'ensemble des grandes lignes d'opération, dont le chaînage, dans ce cas, sera toujours scabreux? Ces inconvénients aussi ennuyeux pour l'opérateur que préjudiciables aux propriétaires sont cependant presque toujours imposés par les méthodes pratiquées actuellement. La nouvelle méthode, au contraire, écarterait cette cause de dommages aux récoltes puisqu'elle permet, sauf quelques rares, très-rares exceptions, de suivre les limites mêmes des propriétés, et l'habitant de la campagne, qui verrait alors ses intérêts respectés, serait porté à seconder le géomètre dans l'accomplissement de sa délicate mission. Disons également qu'elle n'exclut nullement les grandes lignes lorsqu'elles peuvent être établies et chaînées commodément, et ménage ainsi à l'opérateur une des principales ressources dans l'art de lever les plans, qui est la combinaison des moyens ; alors les points arrêtés lors du chaînage servent avantageusement de départ pour le calcul du réseau tétragonométrique. C'est ce qu'on remarque figure 1 : si sur la ligne joignant les points 47 et 51, on fixe en-chaînant, les points intermédiaires 48, 49 et 50 ; si d'autre part on chaîne le côté (1 —. 48), on aura les bases nécessaires non-seulement pour calculer le réseau tétragonométrique comme il a été dit ci-dessus (6), mais encore pour rattacher le parcellaire de la rive droite de la rivière du Vicoin à celui de la rive gauche et alors le chaînage des côtés (0 —. 1), (1 —. 18), (18 —. 19) et (19 —.20) serait superflu.

Enfin,par extension,elle permet encore de réaliser avec célérité un vœu si souvent émis par divers auteurs distingués : nous voulons parler de l'hypsométrie appliquée aux plans parcellaires, qui, en donnant les altitudes détaillées d'un pays, procurerait de si utiles renseignements à la science, à l'agriculture, à l'industrie et à l'armée, en ce que l'altitude de chacun des points du réseau tétragonométrique étant connue, on aurait les éléments nécessaires pour étudier sérieusement, au cabinet même, les avant-projets d'irrigation, de dessèchement, de construction de routes,de canaux,ainsi que de nombreuses questions de stratégie militaire. Les renseignements à recueillir dans ce cas demanderaient l'adjonction de la 5e colonne aux tableaux nos 1 et 2, qui prendraient la forme suivante :

## Tableau n° 3.

STATION AU POINT N° 3, *hauteur de l'instrument au-dessus du sol......*

| Points. | ANGLES observés. | ANGLES des quadrilatères déduits de la colonne 2. | Azimuts déduits. | ANGLES verticaux. | DISTANCES tachéométriques réduites à l'horizon, | COTÉS chaînés. | OBSERVATIONS |
|---|---|---|---|---|---|---|---|
| 1 | 2 | 3 | 4 (*) | 5 | 6 | 7 | 8 |
| 22 | 000° 00' 00" | | | + 2° 45' 00" | | | L'origine des angles verticaux est prise à l'horizon et le signe + dans la 5me colonne indique un angle d'ascension et le signe — un angle de dépression. On peut, en mettant l'origine à 100°, reconnaître sans le secours des signes + et — si le rayon d'observation est au-dessus ou au-dessous de l'horizon. |
| | | 110° 35' 00" | | | | | |
| 2 | 110 35 00 | | | — 3° 28' 00" | | | |
| | | 103 27 00 | | | | | |
| 33 | 214 02 00 | | | — 4° 15' 00" | | | |
| | | 37 40 00 | | | | | |
| 4 | 251 42 00 | | | + 3° 20' 00" | | | |
| | | 108 18 00 | | | | | |
| 22 | 360 00 00 | | | + 2° 45' 00" | | | |
| | | 360° 00' 00" | | | | | |

(*) Azimuts déduits de la triangulation et combinés avec les angles des quadrilatères (11).

La différence C de niveau entre les points B et C *(fig. 4)* se déduira facilement, C étant donné par l'instrument, par la formule $c = \frac{b \text{ tang } C}{r}$ (*), et ainsi de suite de proche en proche pour les autres points et sans crainte d'erreurs, car, là encore, les vérifications se présentent d'elles-mêmes à l'opérateur, puisque cette méthode donne les éléments nécessaires pour calculer et obtenir quatre résultats différents pour la hauteur de chaque point du réseau, ce qui se voit immédiatement à l'inspection de la figure 1 qui présente l'ensemble des opérations, et d'après le tableau nº 3, l'altitude du point 3 serait déterminée par les points 22, 2, 33 et 4 ; comme pour les coordonnées les résultats partiels doivent concorder avec les altitudes des points trigonométriques qui seront préalablement déterminées. En ajoutant au tableau nº 3 la sixième colonne on pourrait, si le cercle est muni d'une lunette anallatique ou mieux sthénallatique, cette dernière donnant les longueurs réduites à l'horizon, obtenir les distances entre le point de station et les points observés, ce qui serait encore un excellent moyen de vérification pour les calculs et les chaînages subséquents.

---

(*) Mais ce calcul est sensiblement abrégé par le moyen des tables de tangentes naturelles ; ces tables que nous avons également calculées ont la même étendue que celles des sinus ou coordonnées rectangulaires, c'est-à-dire qu'avec sept décimales elles donnent, sur la même ligne et avec dix colonnes pour chaque minute du quart de cercle, la tangente naturelle multipliée par 1. 2. 3..... 9 ; chacun de ces résultats peut être augmenté ou diminué décimalement par le déplacement de la virgule. Une simple addition des nombres se trouvant sur la même ligne suffit donc pour résoudre quantité de problèmes parmi lesquels celui ci-dessus.

Elles formeront un volume in-8º de 360 pages de chiffres, plus les instructions nécessaires pour la solution de nombreux problèmes.

# CALCUL DES COORDONNÉES

des points

DE LA CHAÎNE TÉTRAGONOMÉTRIQUE.

---

**8.** Ce serait maintenant le cas de traiter le cacul des coordonnées; mais ce sujet, très-connu d'ailleurs et admirablement décrit dans l'excellent traité de topographie de précision par M. Bassac, ancien géomètre en chef du cadastre du Morbihan, ne saurait utilement trouver place ici, puisque ce mémoire n'est qu'un essai, un programme de l'application de la tétragonométrie à l'arpentage cadastral, méthode qui, nous croyons, n'a point encore été mise en pratique. Nous nous réservons donc de décrire la méthode des coordonnées appliquées à la polygonométrie en général et à la tétragonométrie en particulier dans les instructions qui précèderont nos tables de sinus naturels et d'une manière simple, qui nous permet d'espérer que ceux de nos collègues partisans du graphicisme se feront violence et renonceront enfin à sacrifier à dame routine pour suivre une voie mathématique aussi certaine que facile et qui a été entrevue pour la première fois en 1764, par Guiot, garde-marteau de la maitrise des eaux et forêts de Rambouillet, qui s'était sans doute inspiré des sublimes principes de Descartes. En 1789, dans un ouvrage intitulé *Pratique de l'arpentage*, Didier développait cette méthode et calculait des tables pour en faciliter l'application. Lefèvre, ancien géomètre en chef du cadastre du département d'Ille-et-Vilaine, dans son *Nouveau traité d'arpentage*, 4e édition ; Goulard-Henrionnet, géomètre en chef actuel du cadastre de la Savoie dans son *Guide du géomètre*, et Breton de Champ, ingénieur en chef des ponts-et-chaussées, dans son *Traité du levé des plans et de l'arpentage*, ont aussi traité cette question. Mais c'est à un de nos contemporains, à notre savant collègue Bassac, que revient l'honneur de l'avoir fait pénétrer avec élégance et simplicité dans le domaine de la pratique.

Cependant nous nous trouvons forcément engagé à en dire quelques mots pour expliquer en même temps les avantages résultant des instruments divisés de droite à gauche, contrairement à l'usage adopté en général, et la marche à suivre dans le calcul des coordonnées des points du réseau tétragonométrique.

**9.** Si l'on se pénètre bien qu'en topographie les mots *abcisse, méridienne* et *sinus naturels* ont la même signification, soit *distance à la méridienne ;* que les mots *ordonnées, perpendiculaires* et *cosinus naturels* ont aussi une même signification, soit *distance à la perpendiculaire ;* que d'un autre côté il est d'usage, en topographie comme en géographie, de mettre le nord en haut de la feuille, il en résulte tout naturellement que la méridienne est dirigée de bas en haut, soit verticalement, et la perpendiculaire de gauche à droite, ce qui lui assigne la position horizontale.

Avec un rayon pris à volonté, mais que l'on peut toujours faire égal à un côté de quadrilatère ou de polygone quelconque, et de l'intersection de la méridienne et de sa perpendiculaire comme centre *(fig. 5)*, décrivons une circonférence qui sera alors partagée en quatre secteurs ou cadrans, conformant ensuite notre raisonnement à la théorie de l'aiguille aimantée, en mettant l'origine des mesures azimutales au nord, ce qui nous oblige, contrairement à certains auteurs de mérite, à remplacer l'axe des $x$ par celui des $y$; mais en ceci nous nous conformons à la division des instruments et particulièrement aux données de la boussole; écartant les développements dans lesquels nous ne pouvons entrer ici, nous arrivons tout de suite à dire *que toute perpendiculaire à la méridienne, soit le sinus ou l'abcisse à gauche de la méridienne, doit être affectée du signe + et à droite du signe —; de même que toute perpendiculaire, soit le cosinus ou l'ordonnée abaissée au-dessous de la perpendiculaire à la méridienne, doit être affectée du signe — et au-dessus du signe +*, que le premier cadran se trouve dans la région nord-ouest; que, par suite de ce qui vient d'être dit, dans ce cadran le sinus qui est la perpendiculaire A$a$ abaissée du dernier point A d'une droite CA sur la méridienne est affectée du signe + et que le cosinus qui désigne aussi la perpendiculaire A$a'$ abaissée du dernier point A de la même droite CA, sur la perpendiculaire à la méridienne, est affectée du même signe +. Que dans le 2e cadran, qui occupe la région sud-ouest, le sinus est affecté du signe + et le cosinus du signe — ; que le sinus et le cosinus du 3e cadran, qui occupe la région sud-est, sont tous les deux affectés du signe — ; que dans le 4e cadran, qui occupe la région nord-est, le sinus est affecté du signe — et le cosinus du signe + ; qu'enfin *le sinus ou l'abcisse, qu'on écrit toujours le premier et que pour* *abréger on désigne par la lettre $x$, est une droite parallèle à l'axe horizontal, c'est-à-dire à la perpendiculaire, et le cosinus ou l'ordonnée qu'on écrit en second lieu, et qu'aussi par abréviation on désigne par la lettre $y$, est une autre droite parallèle à l'axe vertical, c'est-à-dire à la méridienne. En général ces droites se nomment coordonnées; ainsi les droites sin aA et cos a'A sont les coordonnées du point A, le point d'intersection C désigne l'origine des coordonnées.*

*De là il résulte que $x +$ signifie Ouest et $x -$ Est, que $y +$ signifie Nord et $y -$ Sud.*

On ne peut trop étudier cette figure, et si l'on parvient, chose facile d'ailleurs, à la graver dans sa mémoire, à comprendre et raisonner la valeur de ces simples signes + et —, on possèdera la clef des coordonnées rectangulaires, et tout ce qui paraissait un obstacle dans ces calculs disparaîtra comme par enchantement. Cette méthode est si simple et si certaine que, si l'opérateur possède un instrument qui l'avertit dans quel cadran se trouve le point observé, condition qui peut être remplie comme nous allons le démontrer ou mieux encore observer d'après la méthode du n° 11, il lui sera bien difficile de se tromper (10) et (11), et sans contention d'esprit il arrivera certainement au but, car il ne peut prendre une méridienne pour une perpendiculaire et il ne peut additionner quand il faut retrancher et *vice-versâ*. Cependant, malgré ces explications et la clarté de la figure 5, nous jugeons encore utile de faire remarquer *que les angles compris dans le deuxième et le quatrième cadran doivent être retranchés, les premiers de 180° et les seconds de 360°;* les différences donneront l'angle C des triangles rectangles BC*b* et EC*e*, dont le calcul fournira les éléments pour fixer les coordonnées des points B et

E. En négligeant d'opérer ces soustractions, l'expression sinus serait changée en celle de cosinus, le point B serait placé en B' et le point E en E'. En général, c'est donc avec le complément des arcs situés dans les 2e et 4e cadrans que l'on doit effectuer les calculs. Si l'on a soin de faire la lecture sur les deux verniers, les soustractions donneront deux différences égales, ce qui sera une preuve de l'exactitude de l'observation ; ces soustractions sont bien vite exécutées et d'ailleurs, pour les éviter, on trouvera les différences à vue dans nos tables de coordonnées rectangulaires.

**10**. Reprenons l'observation au point 3, avec un cercle muni d'un tube magnétique ou d'un déclinatoire quelconque qui nous permettra d'orienter toujours le zéro de l'instrument plein nord, mais à titre d'indice seulement, car les causes d'instabilité de l'aiguille aimantée sont trop multiples pour asseoir une opération sur ses données et la variation diurne (*) seule est plus que suffisante pour justifier l'exclusion de ce moyen ; voici donc comment se ferait l'observation dans laquelle le zéro ou point de départ fixe se trouve à 63° 10', tableau n° 4, au point 22, auquel on devra revenir pour vérifier si l'instrument ne s'est pas dérangé pendant l'observation.

---

(*) La variation diurne de l'aiguille aimantée atteint au mois de juillet son maximum qui va jusqu'à 0° 19'. Voir *Théorie de l'aimant* par Quinet de Certines.

# Tableau n° 4.

STATION AU POINT N° 3.

| Points. | ANGLES observés ou azimuts bruts. | Azimuts déduits. | ANGLES des quadrilatères déduits de la colonne 2. | COTÉS chaînés. | CADRAN | SIGNES des coordonnées. $x$ Sinus. | $y$ Cosinus. | OBSERVATIONS |
|---|---|---|---|---|---|---|---|---|
| 1 | 2 | 3 (*) | 4 | 5 | 6 | 7 | 8 | 9 |
| Nord | 000° 000' 00" | | | | | | | La somme du premier et du dernier angle de la 4e colonne donne toujours l'angle du quadrilatère dans lequel se trouve la direction du Nord. |
| 22 | 63 10 00 | | 63° 10' 00" | | 1 | + | + | |
| 2 | 173 45 00 | | 110 35 00 | | 2 | + | — | |
| 33 | 277 12 00 | | 103 27 00 | | 4 | — | + | 63° 10' |
| 4 | 314 52 00 | | 37 40 00 | | 4 | — | + | 45 08 |
| Nord | 360 00 00 | | 45 08 00 | | | | | 108 18 |
| 22 | 63 10 00 | | " " " " " " | | | | | |
| | | | 360° 00' 00" | | | | | |

(*) Azimuts déduits de la triangulation et combinés avec les angles des quadrilatères.

Les trois premières colonnes du tableau remplies, tel qu'on l'a déjà dit en principe (5), on remplira celles 6, 7 et 8, en se rappelant que chaque cadran = 90°; que par conséquent les points observés sous des angles compris entre 0 et 90° sont dans le premier cadran, entre 90° et 180° dans le deuxième, entre 180° et 270° dans le troisième et enfin ceux entre 270° et 360° dans le quatrième cadran ; donc ici le point 22 appartient au premier cadran, et dans les 5e et 6e colonnes on en affectera le sinus et le cosinus du signe +; le point 2 est situé dans le deuxième cadran, dans lequel le sinus est affecté du signe + et le cosinus du signe —; enfin les points 33 et 4 sont situés dans le 4e cadran, et dans ce cadran les sinus et cosinus sont affectés, le premier du signe — et le second du signe +. Nous le répétons, si l'on a bien compris ce que l'on entend par sinus et cosinus, et si l'on a la disposition et la valeur des signes algébriques de chaque cadran gravés dans la mémoire, chose très-facile à retenir, on possède tout ce qu'il faut pour conduire rapidement et sûrement le calcul des coordonnées rectangulaires. Il est encore utile de rappeler ici que l'azimut donné par l'aiguille aimantée à chaque station ne doit servir que d'indice, l'azimut employé dans les calculs doit être celui du point de départ déduit d'un ou de plusieurs côtés de la triangulation (21) et que l'on combinera facilement avec les angles observés aux angles des quadrilatères : inutile de s'arrêter à ce petit calcul, on en trouve des exemples dans presque tous les traités d'arpentage.

**11.** — Mais, à ces manières d'observer les angles, nous préférons celle décrite dans la *Topographie de précision*, par Bassac, ouvrage qui, suivant nous, devrait se trouver entre les mains de tous les géomètres.

Cette méthode, qui est applicable à notre projet, consiste à orienter le cercle sur un rayon trigonométrique et à observer ensuite directement les azimuts de chaque ligne d'un cheminement ; la vérification a lieu au point d'arrivée, en reprenant l'azimut de la première ligne du cheminement, et, si on a bien opéré, on doit retrouver l'azimut de départ.

A chaque station, pour orienter l'instrument, on fait parcourir aux verniers une demi-circonférence, c'est-à-dire qu'on amène le vernier de gauche au chiffre indiqué par le vernier de droite, à la station précédente, de telle sorte qu'on a toujours l'azimut au même vernier.

Tout en agissant d'après les mêmes principes, nous n'opérons pas de la même manière, car la mise à zéro ou à un chiffre quelconque sur un instrument de précision est chose assez délicate et de laquelle il ressort de petites différences qui, multipliées par le nombre de points du cheminement, ne laissent pas que de donner une certaine inquiétude sur le résultat définitif lorsqu'on vise à la précision, surtout si on opère par un soleil ardent ; alors l'angle de réfraction peut, suivant la position dans laquelle on se met pour fixer le vernier, varier de vingt secondes. Nous préférons donc continuer le cheminement avec l'angle lu à la station précédente sans changer les verniers de 180°, mais alors nous obtenons l'azimut *en alternant la lecture sur chaque vernier*.

Dans les cheminements de précision on emploie trois trépieds, un en arrière, celui où est posé l'instrument, et un sur le point d'avant ; sur le premier et le dernier, un petit cône rouge et blanc représente exactement la position où a été sur le trépied arrière et où se trouvera sur le trépied avant la colonne de l'instrument ; il ne peut donc y avoir erreur sur le point visé et l'expérience a démontré que jusqu'à ce jour aucune manière d'observer les angles d'un cheminement ne pouvait rivaliser avec celle-ci ; mais au point de vue où nous nous sommes placé, ces dispositions sont superflues, un seul trépied suffit pour observer les angles d'un réseau tétragonométrique en prenant les précautions dont on ne doit jamais se départir en pareil cas.

Pour fixer les idées, appliquons cette manière d'observer les angles à quelques points du réseau tétragonométrique (*fig. 1*), à l'aide d'un instrument divisé de droite à gauche.

Au point 20, nous avons l'azimut du rayon trigonométrique se dirigeant sur 0, cet azimut est de 99° et indique que ce rayon est dans le deuxième cadran et qu'il a pour signe + —, nous mettons le *vernier de droite* à 99°, et par conséquent celui de gauche a 279°, et bien que dans ce qui suit nous ne parlions que d'une seule lecture, on ne devra pas négliger de lire les angles aux deux verniers, nous les fixons ensuite au moyen de la pince avec le limbe : par le mouvement général de l'instrument, nous amenons la lunette dans la direction du point 0, et nous orientons sur ce point l'instrument dont le limbe restera stable dans cette position pendant toute l'observation ; puis, rendant la liberté à la lunette supérieure et par conséquent aux verniers, nous la dirigeons sur le point 19 et nous lisons toujours avec le *vernier de droite* 114° 35', c'est l'azimut de la ligne (20 —. 19), nous continuons le tour d'horizon en observant les points 32 et 51, et même les points trigonométriques 39 et 41, afin de vérifier l'azimut de départ.

Pour nous assurer de la stabilité de l'instrument, nous fixons de nouveau la lunette sur le point 19 et nous devons retrouver 114° 35'; cette condition remplie, nous fixons solidement le vernier dans cette position.

Nous transportons ensuite l'instrument au point avant 19, nous rendons l'instrument mobile par son mouvement général en ayant soin de respecter la position des verniers par rapport au limbe, nous nivelons l'instrument et nous l'orientons sur le point arrière 20, sur lequel nous fixons l'ensemble de l'instrument ; ceci fait, pour vérification, nous lisons l'angle donné à la station précédente sur le point avant, afin de nous assurer que pendant le transport de l'instrument les verniers n'ont subi aucun changement, nous rendons ensuite la liberté à la lunette et aux verniers, et nous faisons le tour d'horizon comme d'habitude, en observant d'abord le point 31 et lisant alors sur le *vernier de gauche* le nombre 33° 20', c'est l'azimut du côté (19 —. 31); ensuite le point 18 et lisant 94° 20', c'est l'azimut du côté (19 —. 18) enfin le point 50 sous un angle de 190° qui est aussi l'azimut du côté (19 — 50) ; le premier de ces côtés est donc situé dans le premier cadran et a pour signe + +, le second est dans le deuxième cadran et a pour signe + —, et le troisième dans le troisième cadran et a pour signe — —. Ramenant la lunette sur le point 31, nous retrouvons la lecture 33° 20, ce qui indique que l'instrument est resté stable ; fixant fortement dans cette position les verniers avec le limbe, nous allons de nouveau stationner au point 31. Après avoir rendu à l'instrument sa liberté par le mouvement général et mis ensuite de niveau, nous l'orientons sur le point arrière 19 ; pour nous assurer que l'instrument n'a pas changé pendant son transport, nous lisons l'angle donné au point 19 sur 31, nous donnons ensuite la liberté à la lunette supérieure qui entraîne les verniers, nous l'amenons sur le point 32 et nous lisons cette fois sur *le vernier de droite* l'azimut du côté (31 —. 32), ensuite de ceux (31 —. 34) (31 —. 30)

(31 —. 19); enfin nous ramenons la lunette sur le point avant 34, et ayant lu le même angle que précédemment, ce qui sera une certitude de l'exactitude des observations à ce point, nous fixons fortement les verniers dans cette position et nous allons placer l'instrument au point avant 34, et ainsi de suite.

L'obligation d'alterner la lecture sur les verniers pour avoir l'azimut direct n'embarrassera personne, car il est toujours facile de reconnaître très-approximativement dans quelle direction se trouve un point quelconque par rapport au point de station ; en prenant un vernier pour un autre, l'erreur serait de 180°, l'opérateur le plus inexpérimenté s'en apercevrait immédiatement.

Comme on le voit, cette manière d'observer les angles est, sans contredit, la meilleure, parce qu'avec toutes les vérifications désirables et la facilité de déduire les angles pour le calcul des quadrilatères, elle donne directement, sans calculs et sans tâtonnements, l'azimut de chaque côté de quadrilatères. En effet, du point 2, le point 22 est observé dans le premier cadran, tandis qu'au point 22 le point 2 est observé dans le troisième cadran ; l'azimut différera donc de 180° et l'ordre des nombres inscrits

**Table**

STATION AU POINT N

| Indication des points. | AZIMUTS des côtés des quadrilatères. | | ANGLES des quadrilatères déduits de la | | SIGNES et valeur des | |
|---|---|---|---|---|---|---|
| | 1er vernier | 2me vernier | 2me colonne | 3me colonne | $x$ sinus | $y$ cosinus |
| 1 | 2 | 3 | 4 | 5 | 6 | 7 |
| 22 | 63° 10' 00" | 243° 10' 00" | | | + | + |
| | | | 110° 35' 00" | 110° 35' 00" | | |
| 2 | 173 45 00 | 353 45 00 | | | + | — |
| | | | 103 27 00 | 103 27 00 | | |
| 33 | 277 12 00 | 97 12 00 | | | — | + |
| | | | 37 40 00 | 37 40 00 | | |
| 4 | 314 52 00 | 134 52 00 | | | — | + |
| | | | 108 18 00 | 108 18 00 | | |
| 22 | 63 10 00 | 243 10 00 | | | | |
| | | | 360 00 00 | 360 00 00 | | |

dans les 2me et 3me colonnes du tableau n° 5 sera interverti, le nombre 243° 10' 00" sera inscrit dans la 2me colonne et celui 63° 10' 00" dans la 3me colonne ; par la même raison, les signes des coordonnées, colonnes 6 et 7, seront — — au lieu de + +. Quant au résultat de la 8me colonne, il reste toujours le même. Toutes ces vérifications sont aussi précieuses que simples et faciles, elles ne donnent d'ailleurs lieu à aucun calcul : il ne s'agit que de comparer entre elles les données de diverses stations ; ce mode d'opérer ne laisse donc rien à désirer sous le rapport des mesures angulaires : nous le recommandons tout spécialement et nous n'avons inséré les autres que pour mieux faire comprendre les avantages et la supériorité de celui-ci.

On dressera le tableau n° 5 pour recueillir les donnnées de ces observations.

*Cette manière d'observer, conciliée avec les exigences d'une triangulation, aurait le précieux avantage de donner directement, sur le terrain même, les azimuts de chaque côté de triangles, ce qui serait un moyen efficace de vérifier ceux déduits des calculs trigonométriques, etc.*

**N° 5.**

*hauteur de l'instrument au-dessus du sol....*

| ANGLES des côtés des quadrilatères avec la méridienne. | ANGLES verticaux. | COTÉS | | DISTANCES tachéométriques. | | OBSERVATIONS |
|---|---|---|---|---|---|---|
| | | chaînés | déduits des calculs | brutes | réduites à l'horizon | |
| 8 | 9 | 10 | 11 | 12 | 13 | 14 |
| 63° 10' 00" | + 2° 45' 00" | | | | | |
| 6 15 00 | — 3 28 00 | | | | | |
| 82 48 00 | — 4 15 00 | | | | | |
| 45 08 00 | + 3 20 00 | | | | | |

La huitième colonne de ce tableau est remplie avec les angles de la première colonne lorsque ces angles sont compris dans le premier et le troisième cadran, et avec ceux de la même colonne, mais retranchés de 180° et de 360°, lorsqu'ils sont compris dans les deuxième et quatrième cadrans (9).

L'angle du quadrilatère dans lequel passe la méridienne du point de station, l'angle 4, 3, 22, par exemple, sera toujours connu en additionnant les angles avec la méridienne des côtés (3 —. 4) et (3 —. 22) ; c'est ce que nous avons fait dans le tableau n° 5, nous avons pris dans la huitième colonne l'angle avec la méridienne du côté

(3 —. 22) = 63° 10' 00"
et celui du côté (3 —. 4) = 45° 08' 00"

= angle 4, 3, 22 = 108° 18' 00"

Les bases ou côtés chaînés seront inscrits dans la colonne 10 et les côtés donnés par les calculs dans la 11e. Les colonnes 9, 12 et 13 pourront être supprimées si l'on ne s'occupe que de la planimétrie et si on ne juge pas utile de se vérifier par les distances tachéométriques qui, en fin de compte, sont superflues et compliqueraient sensiblement les travaux de terrain ; il ne serait pas non plus nécessaire de prendre la hauteur de l'instrument au-dessus du sol. Ce tableau donne tous les éléments nécessaires pour effectuer les calculs que l'on disposera avec ordre ; nous donnerons dans les instructions qui précéderont nos tables trigonométriques des modèles de tableaux que l'on fera bien d'adopter, sauf modifications, car chacun peut améliorer ce qui lui paraît susceptible d'amélioration ; mais, dans tous les cas, le plus grand ordre doit toujours exister dans les calculs trigonométriques en général.

**12.** — Si nous appliquons le calcul des coordonnées à un cheminement A, B, C, D, E, F *(fig. 7)*, formé de côtés de quadrilatères, le premier et le dernier de ces points faisant en même temps partie des réseaux trigonométrique et tétragonométrique, et les points intermédiaires BCDE, du dernier réseau seulement ; du signal de départ A, on verra que le point B est situé dans le premier cadran, qu'alors les signes des coordonnées de ce point sont + +; que, continuant le cheminement, du point B, le point C est situé dans le 4e cadran et qu'il a pour signe — +; que du point C le point D est situé dans le premier cadran et qu'il a pour signe + +; que du point D le point E a pour signe — +, comme étant dans le quatrième cadran, et qu'enfin le point F, par rapport au point E, se trouve dans le premier cadran et doit être affecté des signes + +. Effectuant les calculs des triangles rectangles A*b*B, B*c*C, C*d*D, D*e*E, E*f*F, et les additions ou soustractions indiquées pour ainsi dire mécaniquement par les signes, on doit retrouver les coordonnées du point trigonométrique F. L'opération peut se faire dans le sens inverse en tenant compte des signes qui donneront aussi des résultats inverses, de telle sorte que, partant du point F, on doit retrouver les coordonnées du point A.

En appliquant ces calculs au polygone ABCDEF *(fig. 8)*, composé de deux quadrilatères, si les coordonnées du point de départ A sont zéro, on aura pour chacun des points les résultats partiels indiqués dans le tableau suivant, et en faisant suivre chaque signe par sa valeur numérique, si l'opération a été bien faite, le dernier terme sera = à celui de départ soit 0. On voit donc que la méthode tétragonométrique se prête on ne peut mieux aux calculs des coordonnées et au rattachement de chaque angle ou point de son réseau au réseau de la triangulation.

**Tableau n° 6.**

| Points | Sinus | Cosinus | OBSERVATIONS |
|---|---|---|---|
| 1 | 2 | 3 | 4 |
| A | 00 00 | 00 00 | |
| B | — | — | |
| C | + | — | |
| D | + | + | |
| E | + | — | |
| F | + | + | |
| A | — | + | |
| | 00 00 | 00 00 | |

**13.** — Quelques auteurs, épris à juste titre des avantages inappréciables procurés par les coordonnées, ont demandé à ce que chaque angle du parcellaire fût déterminé et fixé par le moyen des coordonnées rectangulaires (*). Certes, nous ne cacherons point nos préféren-

(*) Les plans du cadastre de la Hesse grand-ducale, qui font foi entre voisins, figurent avec un numéro spécial, chacune des bornes fixant le contour d'une parcelle ; ce numéro est ensuite reporté sur un registre indiquant les données trigonométriques propres à déterminer la position de chaque borne. La méthode exposée ici procure plus simplement les mêmes avantages, autant par la manière d'opérer que parce que les mesures fournies par le croquis, qui sont celles prises sur le terrain même, ne courent aucun risque d'être altérées en les transcrivant sur un registre.

Dans le but de faciliter la conservation des croquis, il est à désirer

ces pour cette méthode de fixer numériquement la forme et la position exacte des parcelles ; mais comme tout ce que nous pourrions dire à ce sujet resterait probablement sans écho, nous nous contentons d'espérer dans l'avenir, persuadé qu'en présence de la valeur progressive de la propriété foncière, on sentira le besoin de l'individualiser pour la soustraire aux compétitions, et le jour où cette loi sera décrétée les moyens ne feront point défaut pour la mettre à exécution. Nous nous bornerons donc, pour le moment, à en donner quelques explications succinctes, nous réservant de la développer et de l'appuyer d'exemples numériques dans un ouvrage qui sera incessamment sous presse (*).

La méthode tétragonométrique se prête admirablement à la réalisation de ce vœu et son application dans ce cas a pour unique difficulté un petit effort de la mémoire, qui consiste à se rappeler *que les perpendiculaires élevées à droite de la ligne d'opération appartiennent au cadran qui précède celui dans lequel est située la ligne d'opération même, et les perpendiculaires élevées à gauche appartiennent au cadran qui suit celui dans lequel est située la même ligne d'opération,* de telle sorte que la perpendiculaire élevée à droite sur le côté CD *(fig. 9)* du quadrilatère CDEF, qui est dans le premier cadran, pour déterminer le point *a*, doit être affectée des signes — et + comme étant située dans

---

qu'ils soient d'un format uniforme. Quant au choix du papier, nous pensons que le papier bulle, autant par sa souplesse que par sa solidité, mérite la préférence ; sa couleur jaune doit aussi être prise en considération comme étant moins pernicieuse pour l'organe de la vue que la couleur blanche. On pourrait même faire tracer les carrés en fabrique, il serait alors tout préparé pour l'application des points dont on connaît les coordonnées.

(*) *Instructions pour l'usage des tables de coordonnées rectangulaires*

le cadran qui précède, soit dans le quatrième, tandis que, au contraire, celle élevée à gauche, sur le même côté CD pour déterminer le point $b$, est située dans le deuxième cadran, dans celui qui suit, et doit être affectée des signes + et —. Ceci étant bien compris à la simple inspection de la figure 9, on voit que dans le premier cadran les perpendiculaires élevées à droite, sur une ligne quelconque CD située dans ce cadran, appartiennent au quatrième cadran et ont pour signes — + et celles élevées à gauche appartiennent au deuxième cadran et doivent être affectées des signes + —; que dans le second cadran, sur une ligne quelconque CF, les perpendiculaires élevées à droite appartiennent au premier cadran et sont affectées des signes + + et celles élevées à gauche appartiennent au troisième cadran et sont affectées des signes — —; que dans le troisième cadran, sur une ligne quelconque CH, les perpendiculaires élevées à droite appartiennent au deuxième cadran et sont affectées des signes + —, et celles élevées à gauche appartiennent au quatrième cadran et sont affectées des signes — +; qu'enfin dans le quatrième cadran, sur une ligne quelconque CA, les perpendiculaires élevées à droite appartiennent au troisième cadran et sont affectées des signes — —, et celles élevées à gauche sont situées dans le premier cadran et sont affectées des signes + +.

Il est à remarquer que les signes opposés se trouvent dans les cadrans opposés ; ainsi, premier cadran, on a $x + y +$, troisième cadran $x - y -$, deuxième cadran $x + y -$ et quatrième cadran $x - y +$.

Ces calculs sont loin d'être aussi longs qu'on pourrait le supposer et les tables de sinus naturels et celles de multiplication en fournissent à vue toutes les solutions partielles, qu'il ne s'agit plus que d'additionner pour connaître d'abord les coordonnées du pied de chaque perpendiculaire et ensuite celles des sommets des mêmes perpendiculaires. Ils consistent, pour le point $a$ par exemple, fig. 9 et 10, à calculer les triangles $n$ C $m$ et $ano$, rectangles en $m$ et en $o$. Dans le premier, l'angle C est l'azimut du côté CD du quadrilatère CDEF ; dans le second, l'angle $n$ est égal au même azimut CD.

En effet $a\ n$ C $= 90°$ et $m\ n$ C $+\ m$ C $n =$ aussi 90°, de là $a\ n$ C $-\ m\ n$ C $= a\ n\ m = m$ C $n$ ; donc sin $n$ = sin C. L'hypothénuse C$n$ étant donnée par le chaînage de la ligne d'opération et celle $n\ a$ par la hauteur de la perpendiculaire, on a ainsi tous les éléments nécessaires pour arriver facilement et très-promptement à la solution demandée.

Ce sont les mêmes lignes trigonométriques qui entrent dans les calculs de ces deux triangles ; mais on remarque que dans celui $a\ n\ o$ on doit intervertir l'ordre du sinus et du cosinus en inscrivant le sinus dans la colonne des cosinus et le cosinus dans la colonne des sinus, car la droite $a\ o$ opposée à l'angle $n$ étant une parallèle à la méridienne, se trouve être une ordonnée, un cosinus (9). Si l'on veut éviter cette interversion on devra effectuer le calcul du triangle $a\ n\ p$ avec le complément de l'azimut de la ligne CD, soit avec l'angle $a\ n\ p = m\ n$ C.

En général, l'angle que fait avec l'axe des $y$, soit avec la méridienne, une perpendiculaire élevée à droite ou à gauche sur une ligne d'opération, est le complément de l'angle de cette ligne avec la méridienne.

D'après ce qui a été dit par rapport au point C, les coordonnées du point $n$, pied de la perpendiculaire $n\ a$, seront affectées des signes $+\ +$ et celle du point $a$ par rapport à la position du point $n$, pied de la perpendiculaire, seront affectées des signes du cadran qui précède celui où est située la ligne d'opération, soit — +.

**14.** — Lorsque le parcellaire est régulier, comme dans les départements de l'Est, à la suite des abornements généraux, les opérations, pour arriver à la connaissance des coordonnées de chacun de ses angles, sont singulièrement facilitées ; ainsi, fig. 11, les angles des parcelles venant aboutir sur le côté CA du quadrilatère C, A, I, H, tous affectés des mêmes signes $x$ — $y$ + et déterminés par la solution de simples triangles rectangles semblables $b'b$ C, $c'c$ C,...... $a$ A C, opération qui peut être vérifiée en calculant séparément et avec la largeur de chaque parcelle pour hypothénuses les petits triangles 1, 2, 3 et 4, la somme des sinus et cosinus de ces quatre triangles doit reproduire les coordonnées du point A, donné par le triangle $a$ AC.

**15.** — Le système des perpendiculaires élevées sur les lignes d'opération n'est pas le seul employé pour fixer les angles du parcellaire, on se sert aussi très-souvent de celui des directions qui, dans bien des cas, est préférable au point de vue de la précision ; ce problème, dont la solution donne les coordonnées d'un point du parcellaire levé par direction, est le même que celui qui conduit à la connaissance des coordonnées d'une ligne d'opération auxiliaire rattachée sur les côtés des quadrilatères, car il est bien clair, fig. 11 et 12, que les lignes divisionnelles $eg$ et $fh$ augmentées ou diminuées de leurs prolongements $e'e$, $g'g$, $f'f$, $h'h$ peuvent être considérées comme des lignes d'opération ayant leur origine sur les côtés CK, FJ du quadrilatère et établies pour lever les détails situés à l'intérieur de cette figure, soit que la ligne d'opération coupe le parcellaire comme au point $h'$ ou en passe à une certaine distance, comme vers le point $f'$; il n'en est pas moins très-facile de déduire les coordonnées des points levés par direction, comme ceux *efgh* par exemple, sur les côtés du quadrilatère CFJK. Soit donc les coordonnées des points *f* et *h* à déterminer ; sur le côté CK nous avons au point *f'* arrêté la direction de la ligne divisionnelle *fh* et chaîné la distance entre l'origine *f'* de la direction sur la ligne d'opération et le point *f* ; le côté FJ coupant la ligne divisionnelle *fh*, nous en arrêtons l'intersection *h'* avec la ligne d'opération.

D'après notre manière d'opérer, l'azimut de la ligne CK étant connu ainsi que la distance C*f'*, la solution du triangle rectangle *lf'*C, donnera les éléments nécessaires pour arriver à la connaissance des coordonnées du point *f'*, de même la solution du triangle rectangle *ih'*F, donnera ceux des coordonnées du point *h'*, et, comme on l'a dit précédemment, ces coordonnées peuvent être considérées comme celles d'une ligne d'opération *f'h'* ; les côtés CK, FJ du quadrilatère étant situés dans le premier cadran, les coordonnées des points *f'* et *h'* seront affectées des signes + +. Les coordonnées de ces deux derniers points connues, on en déduira l'azimut de la ligne divisionnelle en calculant le triangle rectangle *r f'h'* comme il sera dit ci-après (20) et partant le cadran dans lequel les directions *f'f* *h'h* ont été chaînées ; ici c'est dans le deuxième cadran, donc les coordonnées des points *fh* du parcellaire, dont on aura les éléments en calculant les triangles rectangles *jf'f*, *oh'h* ayant pour hypoténuses les directions chaînées *f'f*, *h'h* et pour azimut celui de la ligne divisionnelle, seront aussi affectées des signes + —. Si les directions ont été chaînées en sens inverse comme celle *e'e*, *g'g*, les signes des coordonnées seront contraires ; au point *e'*, ils seront + — et au point *g* — + comme étant dans des cadrans opposés.

On remarque cependant que les calculs pour fixer la position d'un point relevé sur une direction sont plus laborieux que ceux nécessités pour déterminer la position du même point relevé par le système des perpendiculaires, qui n'oblige jamais à calculer plus de deux triangles rectangles dont l'azimut est toujours celui de la ligne d'opération ± 90° selon que cette perpendiculaire est à gauche ou à droite de la ligne d'opération (13); tandis que par le système des directions, pour le point $f'$ par exemple, nous avons à calculer les triangles rectangles C $lf'$, F$ih'$ pour fixer les coordonnées des points $f'h'$, celui $f'rh'$ pour obtenir l'azimut de la direction $f'h'$ qui est le même que $ff'$ et enfin celui $f'jf$ pour fixer définitivement le point $f$.

Cette méthode donnant à chaque parcelle une consistance certaine et une fixité incontestable (13) et (14), la délimitation des propriétés, hérissée de difficultés et que dans certains cas les plans graphiques ajoutent presque aux problèmes insolubles, se ferait avec une facilité étonnante et mettrait l'usurpateur le plus habile en défaut.

**16.**— Revenons aux calculs des coordonnées rectangulaires du réseau tétragonométrique *(fig. 1)*. A l'aide des tables de sinus naturels qui donnent dans la même page, sur la même ligne et par une simple addition, la solution des formules $\frac{a\ B}{r}$, $\frac{a\ C}{r}$, fig. 13, $a$ étant toujours un côté de quadrilatère, il faut certes moins de temps pour effectuer ces calculs qu'il n'en faut pour les expliquer, et l'opérateur pourra à son gré coordonner les points du réseau tétragonométrique avec ceux de la triangulation en agissant d'après les principes qui précèdent. Ainsi, prenant le réseau fig. 1, sur notre croquis, il pourra à son choix coordonner les points d'un cheminement quelconque, d'abord entre deux points de la triangulation, comme celui 0, 1, 2, 3, 33, 36 et 37 ; les coordonnées du point 3 étant connues on pourra partir de ce point et calculer le cheminement 3, 4, 5, 6, 44, 42, 40 et 41, et d'après les mêmes principes, tout cheminement, en ayant soin de combiner l'angle du quadrilatère du point de départ avec l'azimut de la ligne qui précède ; en partant du point 0 on se servira de l'azimut d'un des rayons trigonométriques,de celui (0—.37) par exemple ; au point 3 de celui de la ligne (2 —. 3) combiné avec l'angle des quadrilatères adjacents au point 3, ou mieux en suivant le principe du n° (11).

On peut effectuer le calcul des coordonnées par polygone en ayant toujours soin de comprendre parmi les points formant le périmètre du premier polygone un ou plusieurs points trigonométriques, comme 37, 41 et 20 dans le polygone formé par les côtés des quadrilatères joignant les points 1, 2, 3, 4, 36, 37, 11, 12, 13, 35, 32, 20, 19, 18 et 1, et ensuite celui formé de la même manière par les points 1, 0, 21, 22, 28, 29, 26, 9, 8, 7, 6, 5, 4, 3, 2, 1 ; dans ce dernier polygone se trouvent deux points trigonométriques 0 et 9 et quatre points du système tétragonométrique 4, 3, 2, 1, dont les coordonnées sont déjà données par les cheminements ci-dessus ; en somme, ce sont toujours des cheminements combinés au gré de l'opérateur et se renfermant entre des points dont la position est connue. Dans le premier polygone, le premier cheminement comprend les points 37, 11, 12, 13, 35, 32 et 20; le second les points 20, 19, 18, 1, 2, 3, 4, 36, 37, renfermés tous les deux entre les points trigonométriques 20 et 37. Rappelons que dans le système des cheminements les coordonnées partielles doivent cadrer avec les coordonnées du point d'arrivée qui sont déjà connues, et que dans le système polygonométrique les coordonnées du point d'arrivée sont égales à celles du point de départ qui est d'ailleurs le même ; que la *réduction à zéro des signes + et — du doit et de l'avoir est la preuve de l'exactitude de l'opération ;* un écart en dehors de la tolérance compatible avec la nature du travail indiquerait une erreur et la nécessité de recommencer l'opération, avertissement bien précieux pour l'opérateur consciencieux.

**17.** — Maintenant, quelle est la limite de la tolérance dans laquelle il convient de se renfermer ? Les coefficients numériques résultant de la loi mathématique seront en *raison inverse du temps et de la dépense que l'on consacrera à l'opération,* et rien, pour ainsi dire, ne s'oppose à la réduction presque infinie de la tolérance, la science possédant les moyens d'arriver à une précision s'harmonisant avec l'importance des opérations ; il faut aussi remarquer que les meilleurs résultats dépendent de la manière d'opérer, des instruments employés et surtout de l'habileté de l'opérateur. Comme dérivant des calculs, la méthode tétragonométrique est susceptible d'atteindre un très-haut degré de précision si on a le soin, en fixant définitivement les coordonnées de chacun des points du réseau, de la débarrasser des erreurs rémanentes en en faisant une répartition rationnelle (*) ; ces erreurs sont d'ailleurs très-peu importantes et presque toujours négligeables dans la pratique ; mais, dans tous les cas, il serait présomptueux de prétendre arriver par n'importe quelle méthode à la certitude mathématique.

---

(*) Pour les corrections à appliquer aux éléments des coordonnées, voir *Topographie de précision* de Bassac, le *Guide du géomètre,* par Goulard-Henrionnet, et le *Traité d'arpentage* de Lefèvre.

## CROQUIS

### VÉRIFICATION DU CHAÎNAGE.

---

**18.** — La méthode tétragonométrique vient encore donner à l'opérateur une grande facilité de faire ses croquis à l'échelle et sans avoir, pour cela, la position absolue de chaque point, car il doit toujours conserver sa liberté d'action dans la marche de ses travaux, et une méthode de détail qui l'obligerait à passer au cabinet les belles journées qu'il pourrait et devrait utiliser sur le terrain, serait un moyen de réduire le salaire déjà si peu souvent en harmonie avec les fatigues et les privations inséparables de la délicate profession de géomètre.

Les points trigonométriques étant rapportés sur le croquis à l'aide des angles observés à chacun des points du réseau tétragonométrique, et en prenant pour départ un point trigonométrique et pour orientation l'azimut d'un côté de triangle (21), il rapportera par intersection, en quelques instants, avec le secours du rapporteur et sans aucun chaînage préalable, autre que celui des côtés nécessaires pour calculer le réseau, toutes les lignes qu'il devra calculer par la suite et chainer pour lever le détail. Ainsi, partant du point 0 avec l'angle sur le point 20 et la distance (0 —. 1), il fixera ce dernier point avec les angles 0.1.2,+2.1.18 et le côté chaîné (1 —.18),il fixera ce dernier point et ainsi de suite jusqu'au point trigonométrique 20 ; il appliquera dans les mêmes conditions les côtés chaînés du point 1 au point 9 et du point 5 au point 17 ; avec l'angle 1. 18. 30, il aura la direction du côté (18 —. 30); avec l'angle 1. 2. 30, il fixera par intersection ce dernier point, et ainsi de suite. Pour un croquis, cette méthode est excellente, puisque certains géomètres s'en contentent même pour leurs plans définitifs. (Méthode par intersections.)

**19.** — Le croquis ainsi monté et chaque ligne d'opération étant à peu près homologue et proportionnelle à celle qu'elle représente sur le terrain, il sera facile à l'opérateur de représenter fidèlement les lieux, et, en y apportant un peu de soin, son croquis ne différera guère du plan lui-même que par sa netteté ; les erreurs de dix mètres deviendront impossibles et celles de lectures complémentaires sur la chaîne très-difficiles, et cependant ces dernières erreurs sont assez fréquentes : quel est l'opérateur qui, préoccupé des mille détails d'un levé parcellaire, n'a quelquefois compté sur la chaîne 4 pour 6, 7 pour 3 et *vice-versâ* ? En arrivant à la fin de chaque ligne d'opération ou côté de quadrilatère, le géomètre se rendra immédiatement compte si la longueur donnée par le chaînage est identique à celle donnée graphiquement par le croquis. Voilà donc une première vérification qui, pour l'opérateur, l'homme pratique, a une importance majeure ; les causes d'erreurs sont si multiples dans le levé du parcellaire comprenant une grande étendue, que nous considérons que c'est déjà un véritable bienfait de procurer au géomètre soucieux de son honorabilité le moyen de reconnaître sûrement les erreurs involontaires, qu'il peut alors rectifier immédiatement, sans tâtonnement, sans nouveau transport sur les lieux et pendant que tous les jalons sont à leur place primitive.

**20.** — Voici pour les erreurs matérielles, mais les erreurs rémanentes provenant d'un chaînage fait dans des conditions difficiles, les seules qui puissent se glisser dans notre méthode, puisque les angles étant toujours vérifiés *au moment même de l'observation*, toute erreur doit être écartée de ce chef, ces erreurs de chaînage, disons-nous, seront dévoilées, corrigées et annulées par les calculs du réseau tétragonométrique ; le côté du réseau ainsi mis à l'index par le calcul sera chaîné à nouveau pour harmoniser le parcellaire en corrigeant les mesures partielles de ce côté. Il est bien naturel que si *les calculs des côtés des quadrilatères précèdent le travail de terrain, les plus petites différences seront signalées en inscrivant la cote totale même trouvée par le chaînage et en la comparant avec celle donnée par les calculs.* Ce moyen reste d'ailleurs constamment à la disposition de l'opérateur ; il peut occuper les journées pluvieuses, les veillées ou les moments de repos à calculer les côtés des quadrilatères et dans telle partie qu'il jugera convenable de porter ses opérations, et remettre à plus tard le calcul des coordonnées de ces points secondaires ; en procédant ainsi, il n'aura jamais aucune erreur dans son travail, et l'extrême facilité avec laquelle il construira ensuite ses plans lui fera gagner largement le temps employé aux calculs nécessités par cette méthode.

Cet avantage est extrêmement important et justifierait à lui seul la supériorité de notre méthode sur celles employées ordinairement ; le géomètre praticien seul peut s'en rendre parfaitement compte. Nous le répétons encore, lui donner le moyen de vaincre promptement et sûrement les difficultés que présente le chaînage, surtout en montagne, de se rendre compte de la manière dont les chaîneurs remplissent leur rôle, de se rattacher à des points fixes, lui donner les moyens enfin de quitter le terrain avec la certitude absolue que ses opérations satisfont aux conditions requises, et, dans le cas contraire, l'avertir où se trouve l'écart, les précautions à prendre pour s'en affranchir, n'est-ce pas lui procurer la satisfaction, le soulagement, le bien-être intellectuel, suites d'un devoir accompli ? n'est-ce pas le soustraire aux défaillances, lui faciliter sa tâche d'honnête homme et lui rendre son travail attrayant, son labeur moins pénible ? N'est-ce pas lui épargner les tortures morales qu'il peut éprouver en présence d'une construction qui tiraille, qui l'oblige à retourner sur le terrain, à vérifier ses lignes d'opération, à perdre un temps précieux et diminuer la confiance des populations des campagnes, à recourir aux expédients et enfin finir par donner le *coup de pouce*, écueils contre lesquels viennent trop souvent échouer les natures les plus droites et les esprits les mieux disposés pour bien faire ?

Les calculs des coordonnées rectangulaires des lignes d'opération d'un réseau tétragonométrique ne doivent effrayer aucun de nos confrères, c'est un remède simple contre un mal grave.

Ce remède est surtout nécessaire si l'on vise à la précision ; il ne faut pas se dissimuler que l'établissement *d'un plan coté* présente de réelles difficultés et qu'il ne s'agit pas simplement de faire figurer sur ce plan les cotes relevées sur le terrain. Nous ne le pensons pas ; ce serait, à notre avis, une grave erreur et mieux vaudrait peut-être garder le système des plans purement graphiques.

Car enfin tous les praticiens savent que la triangulation étant la base des opérations de détail, que celles-ci doivent céder à celle-là ; alors que fera-t-on des écarts du chaînage, surtout quand ce dernier est exécuté dans des conditions difficiles ? ici s'élève une question dont la solution s'impose forcément. Le géomètre, ne l'oublions pas, est un comptable, un caissier qui doit rendre compte, non pas de francs et de centimes, mais de mètres et de fractions de mètres ; le caissier infidèle ne peut soustraire que la matière dont il a la garde et c'est tout, mais, de ce tout, il ne devait rien, absolument rien soustraire. La mission du géomètre est peut-être plus délicate en ce que son travail peut non-seulement autoriser dans l'avenir des revendications injustes, mais encore donner lieu à des procédures ruineuses. Mais, tout en causant un dommage plus grave, ce dernier est certainement moins coupable, il est peut-être même innocent, car, nous l'avons déjà dit, quand on fait ce que l'on peut, on fait ce que l'on doit, et, dans tous les cas, il ne retire aucun avantage personnel de ses erreurs : c'est à ce point de vue que nous nous plaçons ici.

Le géomètre qui aurait la prétention d'effectuer des chainages parfaits et toujours en harmonie avec la triangulation serait vraiment bien présomptueux ; pour nous, nous admettons au contraire que cette précision est rarement, très-rarement atteinte, qu'elle n'est due qu'à un concours de circonstances indépendantes de la volonté de l'opérateur, mais la tolérance est assez large pour rester, suivant le cas, bien au-dessous de sa limite extrême. Dans cette hypothèse même, que fera-t-il des écarts du chaînage ; les laissera-t-il subsister en transcrivant sur le plan les mesures extraites purement et simplement du croquis? Non : cela est inadmissible, à moins de renverser l'état de choses admis, de faire céder la triangulation au détail, et si la différence est en moins, elle serait alors supportée par toutes les cotes qui précèdent la dernière à l'avantage de celle-ci, quelle que soit son importance ; le contraire aura lieu si la différence est en plus. Il résulte donc de ces considérations, qui nous paraissent d'un ordre supérieur dans la construction d'un plan coté, que chaque mesure prise sur la ligne d'opération devra être modifiée pour conserver l'harmonie de l'ensemble, et alors pour chacune de ces mesures on devra faire ce raisonnement : la longueur totale réelle est à la longueur totale fautive comme la longueur partielle réelle est à la longueur partielle fautive.

Le géomètre consciencieux ne néglige jamais d'exécuter les répartitions des erreurs provenant du chainage lors de la construction ; mais si sur les plans graphiques on tient compte de ces erreurs, à plus forte raison on ne peut donc s'en affranchir pour les plans cotés, sous peine d'obtenir un résultat diamétralement opposé à celui qu'on a en vue.

C'est en présence de ces calculs longs et fastidieux que l'on sent le besoin d'avoir un guide sûr et fidèle, fil conducteur dans l'exécution des travaux d'ensemble d'abord et ayant ensuite le mérite d'indiquer sur les lieux mêmes les précautions à prendre dans le chaînage, afin d'éviter *les calculs de répartition*, avantages qu'il n'est guère permis d'espérer de points déterminés graphiquement.

La méthode tétragonométrique, en donnant des points secondaires reliés entr'eux et rattachés à la triangulation, nous paraît la plus propice pour obtenir un ensemble irréprochable et conséquemment un détail aussi parfait que possible. Enfin ne perdons pas de vue que les cotes inscrites sur un plan par son auteur sont des affirmations brutales; il ne faut donc les établir qu'avec circonspection et suivant leur importance à l'aide des moyens que la science met à notre disposition.

Ne laissons donc pas de solutions de continuité dans nos travaux : cherchons plutôt à rapprocher et à souder les tronçons des travaux de détails à la triangulation, calculons enfin les coordonnées rectangulaires des lignes d'opération, des principales du moins ; c'est le moyen d'arriver sûrement au port.

---

# CONSÉQUENCES ET RÉSULTATS

## DE L'APPLICATION DE LA TÉTRAGONOMÉTRIE

### AU LEVÉ ET A LA CONSTRUCTION

## des Plans parcellaires.

---

**21**. — Maintenant que nous avons donné les indices de la marche que le géomètre doit adopter dans un travail de ce genre, voyons rapidement quelles seraient présentement et dans l'avenir les conséquences de cette méthode.

Les conséquences immédiates seraient d'abord la facilité pour le géomètre en chef de s'assurer, du fond même de son cabinet, de la valeur et du mérite de l'œuvre de ses collaborateurs, car, en compulsant les calculs et les résultats de cette méthode et les mettant en présence du croquis de détail, son œil exercé aurait bientôt reconnu sur quel point il doit spécialement porter sa vérification qui, enfin, n'aurait plus qu'un but moral pour le géomètre soucieux de sa dignité.

Cette méthode donnerait encore la facilité de trouver l'azimut ACB *(fig. 14)*, ou son complément et la distance entre un point quelconque du réseau et tous les autres points compris dans le même système de coordonnées ; ainsi azimut C = tang B $= \frac{b\ r}{c}$, C = 90°—B et $a = \frac{b\ r}{\sin B}$ suivant le cas, $c$ étant la différence méridienne et $b$ la différence perpendiculaire entre deux points du réseau dont on cherche la distance.

**22.** — La méthode tétragonométrique nous paraît si féconde et ses résultats si concluants, que nous nous trouvons irrésistiblement amené à parler de nouveau des vœux de certains auteurs de mérite et de notre désir exprimé ci-devant de voir chaque angle du parcellaire fixé et déterminé d'après les coordonnées rectangulaires.

Le savant auteur de la *Topographie de précision* exprime l'idée que :

« Tout au plus pourrait-on demander aux coordonnées « des lignes d'opération une indication approximative sur « la position de limites des propriétés qu'elles longent « toujours de très-près ; mais cette position c'est préci- « sément ce qu'on cherche dans une contestation de « limite, et non celle d'une ligne d'opération qui n'est « pas une ligne divisoire, que les propriétaires n'ont « aucun intérêt à connaître, et dont le sol n'a pas con- « servé la trace.

« Les coordonnées de ces lignes seraient très-utiles, je « le répète, pour rajeunir, pour renouveler les plans d'un « cadastre, pour fixer graphiquement la position des « limites des propriétés ; mais c'est la forme graphique « qui est la pierre d'achoppement de tous les systèmes ; « c'est contre la forme graphique que viennent inévita- « blement s'amoindrir, se rapetisser, se réduire presque « à rien les meilleures idées de conservation du cadastre

« combinées avec celles de conservation des droits de « propriété dont on ne peut plus les séparer.

« Les efforts des géomètres doivent donc tendre vers ce « but, qui est l'idéal de la perfection en matière cadas- « trale : exprimer numériquement par des coordonnées « la position des limites des propriétés. »

Imbu de l'importance des vœux exprimés avec tant de lucidité dans la *Topographie de précision*, ainsi que des avantages qui en résulteraient, nous avons pensé que si, tout au moins, nous ne devions pas en espérer quant à présent la réalisation complète, il était cependant possible d'obtenir par déduction des coordonnées des lignes d'opération la position des points du parcellaire.

En effet, si l'on est bien pénétré de tout ce que nous avons succinctement expliqué dans le cours du présent, on voit que la solution cherchée, soit la distance entre deux points quelconques ou un point et plusieurs autres du parcellaire, déduite de leurs coordonnées (21), (13), (14) et (15), est un problème possible, même facile à résoudre, si les coordonnées des lignes d'opération étant connues et les cotes du détail de chacune de ces lignes données par le croquis ou le plan s'il est coté. Rappelons-nous ce que nous avons dit au sujet des directions et des perpendiculaires situées à gauche ou à droite des lignes d'opération pour déterminer les points du parcellaire, se trouvant à droite ou à gauche de ces lignes (13), (14), (15); rappelons-nous qu'après avoir déterminé les coordonnées du pied de chaque perpendiculaire ou de l'origine de chaque direction, on arrive très-facilement à la connaissance des coordonnées des sommets de ces mêmes perpendiculaires et des extrémités de directions. *Ainsi, étant données les coordonnées d'une ligne d'opé-*

*ration quelconque, on en déduit facilement, à l'aide des cotes du croquis ou du plan reproduisant les mesures du levé, les coordonnées du sommet de la perpendiculaire ou de l'extrémité de la direction fixant un des points quelconques du détail parcellaire. Si la ligne d'opération suit une ligne têtière* A C (fig. 11), *on arrivera directement à la connaissance des coordonnées d'un des points* b, c, d, A *par la solution d'un triangle rectangle dont on connaît les hypoténuses* C *b*, C *c*, C *d* et CA.

*Or, les coordonnées rectangulaires de deux points quelconques étant données, on en déduira, comme on l'a déjà vu* (21), *la distance qui les sépare et son azimut, problème élémentaire d'où sortiront à l'avenir les éléments des délimitations et bornages*, car, lorsqu'on éprouvera la nécessité de faire une délimitation, *chaque borne, chaque angle de maison ou de construction quelle qu'elle soit, chaque point fixe enfin peut aisément, à la suite d'un petit calcul, remplir l'office de point trigonométrique. On arriverait ainsi à supprimer les dépenses nécessitées pour l'achat, le transport et la plantation des bornes trigonométriques et les servitudes créées sur les propriétés pour l'emplacement et la conservation de ces bornes.* La conservation générale des points trigonométriques perd donc de son importance, surtout lorsqu'il s'agit de points secondaires placés au milieu de propriétés privées.

La connaissance des coordonnées des points du parcellaire n'étant nécessaire que dans le cas d'une délimitation, lorsque les propriétaires seront dans l'obligation de faire rechercher un point disparu, les calculs relatifs à la solution de ce problème seront effectués en quelques instants par le géomètre chargé de l'opération, ils lui épargneront d'ailleurs bien des peines, bien des doutes et des chaînages inutiles, tout en lui donnant des résultats certains et incontestables au point de vue pratique.

Ces résultats sont, dans tous les cas, moins longs et moins fastidieux que ceux que l'opérateur est presque toujours obligé de faire pour répartir proportionnellement entre les ayants-droit les différences en plus ou en moins données par les plans purement graphiques et dont l'expression géométrique se trouve altérée, soit par leur état de vétusté, ou l'état hygrométrique de la température dans lequel ils sont conservés, ou encore par les mesures prises pour leur conservation en les collant sur toile, par exemple, etc. Toutes ces causes destructrices de l'exactitude et de l'harmonie des plans sont, on n'en peut douter, la source de nombreux conflits entre les propriétaires riverains.

Il y a donc un avantage incontestable en faveur de la construction des plans basée sur les coordonnées rectangulaires d'abord, et ensuite à l'application de ces plans par les mesures déduites de ces mêmes coordonnées, soit que ces plans soient exécutés pour une administration ou pour un particulier, puisqu'ils donneront, à l'aide de calculs simples qui peuvent s'effectuer au cabinet, des résultats certains ; au contraire, par l'application graphique, ce n'est qu'à la suite de tâtonnements, de chaînages, et très-souvent de répartitions qui obligent à des calculs laborieux qu'on arrive à obtenir des résultats quelquefois douteux et, à coup sûr, rarement exacts dans toute l'acception rigoureuse du mot.

**23.** — *Voilà donc les plans levés et construits d'après la méthode tétragonométrique combinée comme la triangulation avec les coordonnées rectangu-*

*laires, élevés à la hauteur des nécessités actuelles en écartant toutes mesures graphiques dans leur application et conséquemment bravant les injures du temps, défiant les conquêtes brutales, déjouant les manœuvres des usurpateurs les plus astucieux, fournissant des renseignements précieux à la stratégie militaire, aux études préparatoires des travaux publics, à l'agriculture, et facilitant la mission du magistrat lorsqu'il doit se prononcer sur un de ces procès ruineux, conséquences de l'insuffisance des moyens de fixer la propriété.*

Ces plans réaliseraient en partie sinon en totalité les vœux émis par le regretté président Bonjean, dans la séance du Sénat du 16 avril 1866, vœux que nous reproduisons ci-après :

. . . . . . . . . . . . . . . . . . . . . . . .

*« 1° De constituer enfin la propriété* INVIOLABLE *par le fait, « comme l'a proclamée inviolable en théorie le Code Napoléon ;*

*« 2° De procurer à la propriété un bornage* PERPÉTUEL, INALTÉRA- « BLE, *non plus au prix monstrueux des bornages isolés, que je « vous ai fait connaître, mais moyennant le léger sacrifice de « 2 à 3 francs par parcelle : c'est le prix qu'a coûté le bornage « collectif dans nos départements de l'Est ;*

*« 3° De décourager, par l'infaillible certitude de la répression, « l'esprit de rapine et d'usurpation qui démoralise nos campa- « gnes ;*

*« 4° De tarir la source de procès qui sont la ruine de la petite « propriété ;*

*« 5° De rendre aux rapports de voisinage le caractère de bien- « veillance et de tolérance réciproque, c'est-à-dire de substituer « les bons sentiments aux mauvaises passions qui sont la consé- « quence forcée de l'état de choses actuel. »*

. . . . . . . . . . . . . . . . . . . . . . . .

Enfin, dans les nombreux procès relatifs aux lignes séparatives des immeubles, l'application de cette méthode permettrait aux géomètres investis de la confiance des tribunaux de rapporter avec assurance et de concilier la science mathématique, flambeau de la vérité, avec le droit et la bonne foi des parties ; alors le géomètre qui honore sa profession deviendrait un sérieux auxiliaire de la justice ; c'est ce que disait également le président Bonjean, dans la même séance du Sénat :

. . . . . . . . . . . . . . . . . . . . . . . . . .

« *Pourquoi, d'ailleurs, se payer de mots? N'est-ce pas un peu* « *ce qui se passe dans l'état actuel du bornage judiciaire ?* — « *Croirait-on, par hasard, que le juge, qui procède à un bornage,* « *prend en main la chaîne et l'équerre pour vérifier les contenan-* « *ces, appliquer les titres, et décider la véritable position des* « *limites?... Non : pour toutes ces opérations, le juge commet un* « *expert-géomètre, et, quatre-vingt-dix-neuf fois sur cent, le* « *jugement n'est autre chose que l'homologation du rapport de* « *l'expert; c'est donc en définitive l'expert qui se trouve, en fait,* « *sinon en droit, le véritable juge du bornage.* »

. . . . . . . . . . . . . . . . . . . . . . . . . .

La parole si autorisée de ce profond et éminent magistrat concordant avec les faits, il est difficile de nier que dans maintes circonstances la profession de géomètre exerce une influence certaine et directe sur la grave question du droit de propriété ; il est donc à désirer que le législateur réglemente cette profession et que, tout en respectant les positions acquises, on ne confère plus, à l'avenir, le droit de l'exercer qu'à celui qui, à la suite d'un concours d'admission, donnera des garanties sérieuses : on n'improvise pas un géomètre praticien, sa science fait partie de celles qu'on ne peut acquérir qu'à la suite d'efforts constants et assidus dirigés par les leçons de l'expérience. Nous devons tous redouter ceux qui, armés du bâton de l'aveugle, en changent la destination, ne s'en servent que pour frapper ce qui est une barrière à leur entendement et sans vouloir en convenir, tant il est vrai qu'il est plus facile de critiquer que d'exécuter. Mais la règle pour connaître ce qui est digne d'estime, c'est l'approbation des personnes reconnues capables d'être bons juges de la chose. Demandons encore que le législateur nous rende responsables des erreurs résultant de notre incurie : la justice en serait d'autant mieux éclairée, les intérêts des propriétaires fonciers d'autant mieux sauvegardés, et cette salutaire mesure rehausserait notre dignité personnelle et notre considération morale qui constituent le plus bel apanage de notre profession.

Ces sages dispositions existent déjà chez quelques-uns de nos voisins ; pourquoi ne suivrions-nous pas un exemple qui est compatible avec nos mœurs et notre organisation sociale ? Géomètres ! mes chers confrères, si mes vœux sont dignes de votre sollicitude, et j'ose l'espérer, réunissons nos efforts pour en obtenir la réalisation.

**24.** — Dans tout polygone, le nombre de lignes L et leur grandeur qu'il est possible de déduire des coordonnées est donné par la formule $L = (n - 1)\frac{n}{2}$, $n$ désignant le nombre de sommets du polygone, et le nombre des azimuts Z, qui est le double de celui des lignes, puisque chaque ligne à deux azimuts est donné par la formule $Z = (n-1)\,n$.

Effectuant les calculs pour le polygone *(fig. 15)*, nous avons pour L, $n = 8$, or $(8-1) = 7$ et $\frac{8}{2} = 4 ; 7 \times 4 = 28$.

Pour Z nous aurons $(8 - 1) = 7$, $7 \times 8 = 56$.

Mais cette formule s'applique aussi aux points intérieurs d'un polygone, comme on peut s'en rendre compte par le pentagone *(fig. 16)*, dans l'intérieur duquel se trouvent les points 6, 7 et 8 ; on a également dans cette dernière figure pour L, 28 et Z 56, résultats identiques à ceux donnés par le polygone de huit côtés *(fig. 15)*.

Si donc nous faisons entrer dans cette formule les 51 termesbinaires de notre réseau tétragonométrique*(fig. 1)*, nous arrivons à la connaissance de 1.275 lignes et 2.550 azimuts. Mais si au lieu de nous arrêter aux points du réseau, nous faisons entrer dans cette formule les 380 principaux points qui, réunis entr'eux, forment le périmètre des 171 parcelles du croquis général, abstraction faite des sinuosités des chemins et des sinuosités de peu d'importance qui se trouvent dans le parcellaire, nous avons L = 72.010 et Z = 144.020 ! NOUS DISONS BIEN SOIXANTE-DOUZE MILLE DIX LIGNES ET CENT QUARANTE-QUATRE MILLE VINGT AZIMUTS !

Le nombre des points de repère $r$, pour chaque angle du parcellaire, est égal à $n$—1 et les azimuts Z, à $(n-1)$ 2, $n$ désignant la somme des angles du parcellaire ; c'est ce qu'on remarque immédiatement, fig. 15 et 16, où on a $n$=8, et (8—1) = 7. En effet, le point 1, par exemple, est relié aux points 2, 3, 4, 5, 6, 7 et 8, et de même pour les autres ; Z = (8—1) 2 = 7 × 2 = 14.

Donc, fig. 1, si l'on admet que le parcellaire soit fixé par 380 bornes ou points stables, d'une nature quelconque, la position de chacun de ces points pourrait être déterminée par 379 lignes et 758 azimuts.

Mais si enfin, au lieu de ne prendre que ces 380 points, on considérait d'autres points pris arbitrairement sur les côtés des quadrilatères et des parcelles, et successivement sur les lignes ainsi déterminées, et si encore on calculait l'intersection de toutes ces lignes, calculs faciles à exécuter et qui, il faut l'espérer, seront faits à l'avenir dans la mesure nécessaire pour fixer les nouvelles lignes divisionnelles résultant des changements survenus dans la consistance de la propriété par suite d'échanges, partages, etc., on arriverait à des résultats en présence desquels l'imagination reste confondue : c'est une mine inépuisable et nous n'avons pas même osé en supputer la richesse !

Et cependant les éléments de tous ces calculs, les coordonnées des 51 points de notre réseau tétragonométrique trouveront place sur une modeste feuille de registre ou en marge du plan même, dont le mérite comme dessin sera celui d'un tableau synoptique. N'est-ce pas là une véritable richesse produite par la combinaison des coordonnées de ces cinquante-et-un points et de la disposition de leurs signes. Cette méthode enfin ne porte-t-elle pas avec elle la récompense certaine du peu de temps que le géomètre mettra à l'étudier et à la mettre en pratique.

---

## CALCUL DES SURFACES.

---

**25.** — Après avoir appliqué cette méthode à la vérification des plans, à la déduction d'une distance quelconque et de ses azimuts, à la fixation d'un nouveau point introduit par diverses causes dans les plans levés par la méthode tétragonométrique, combinée avec les coordonnées rectangulaires, voyons encore si nous pouvons l'utiliser pour les calculs des surfaces.

Dans tout polygone dont on connaît les coordonnées des sommets, la surface S sera égale à la somme des trapèzes qui le traversent, moins la somme des trapèzes ou des triangles qui ne le traversent pas et qui ont leurs bases sur le même axe, ce qui ressort clairement de l'inspection du polygone ABCDE *(fig. 17)* et du tétragone ABCD *(fig. 18)*.

En effet, à simple vue on comprend que la surface S du pentagone *(fig. 18)* est égale à la somme des trapèzes *ab* BA et *bc* CB, — la somme des trapèzes *ae* EA, *ed* DE et *dc* CD ; mais elle est aussi égale à la somme des trapèzes *b'c'* CB, *c'd'* DC et *d'e'* ED — la somme des triangles A *b'* B et A *e'* E.

Pour abréger, si on désigne par $n$ le nombre des sommets du polygone et par $x_n$ $y_n$ les coordonnées des mêmes sommets, la surface $S = \frac{1}{2} \left[ (y_2 - y_n) x_1 + (y_3 - y_1) x_2 + (y_4 - y_2) x_3 + y_5 - y_3) x_4 \ldots\ldots\ldots + (y_1 - y_{n-1}) x_n \right]$.

Cette formule peut encore s'écrire sous la forme $S = \frac{1}{2} \left[ (x_2 - x_n) y_1 + (x_3 - x_1) y_2 + (x_4 - x_2) y_3 + (x_5 - x_3) y_4 \ldots\ldots + (x_1 - x_{n-1}) y_n \right]$.

Ou bien encore sous cette forme $S = \frac{1}{2} y_1 (x_2 - x_n) + y_2 (x_3 - x_1) + \ldots\ldots y_n (x_1 - x_{n-1})$ ou encore $S = \frac{1}{2} x_1 (y_2 - y_n) + x_2 (y_3 - y_1) + \ldots\ldots x_n (y_1 - y_{n-1})$.

Ces formules se vérifient et assurent ainsi toute sécurité dans les calculs.

Ainsi, les coordonnées des sommets d'un réseau tétragonométrique étant connues, les surfaces des mas peuvent donc en être déduites avec certitude, et par leur emploi on évitera les erreurs inséparables du calcul graphique, et peu importe alors l'état hygrométrique du papier, les contenances de chaque champtier ou quadrilatère, chaque mas, chaque feuille, chaque section, chaque commune même seraient, en tenant compte des ordonnées élevées sur les côtés tétragonométriques pour avoir la figure du terrain, l'expression exacte et fidèle de la réalité.

Le géomètre en chef se rendrait ainsi compte de l'exactitude des calculs des contenances et déterminerait aussi sans tâtonnement, au moyen de la table calculée à cet effet par M. Larrière, vérificateur spécial du cadastre, les coefficients qu'il serait convenable d'appliquer au calcul du parcellaire (*), et MM. les directeurs auraient un moyen de vérification aussi certain que facile de s'assurer que le calcul du parcellaire se trouve exécuté dans les conditions requises.

# RÉSUMÉ.

**26.** La méthode tétragonométrique, combinée, comme la triangulation, avec les coordonnées rectangulaires, présente des avantages dignes de fixer l'attention : elle facilite les travaux de détail sur le terrain, elle permet de représenter correctement la forme des parcelles en ce que les lignes sont tracées et cadrent déjà sur le croquis avant de commencer l'arpentage ; elle évite aux géomètres l'obligation de causer des dommages aux récoltes en faisant le jalonnement des grandes lignes sans cependant les exclure lorsqu'il est facile de les établir ; elle permet de ne jamais appliquer une ligne d'opération sans en avoir *obtenu au moins deux fois la longueur et par des moyens différents,* ce qui procure la certitude de la

(*) Cette table donne dans une première colonne la longueur normale des carrés de la feuille du plan ; dans la seconde, le coefficient à appliquer à la différence entre la longueur normale des carrés et la longueur mesurée au moment du calcul ; dans la troisième, la base du rectangle en plus ou en moins, et dans la quatrième colonne, la superficie à ajouter ou à retrancher par hectare ou par are en déplaçant la virgule.

En présence de l'incontestable utilité de cette table, on ne peut que regretter son peu d'étendue, et l'auteur rendrait un véritable service aux calculateurs s'il consentait à la développer et à en donner une nouvelle édition.

placer sur le plan dans la position qu'occupe son homologue sur le terrain ; de reconstruire les plans dans dix ans comme dans un siècle et sans perdre un centimètre des mesures primitives prises sur le terrain, si on a su assurer la conservation de ces mesures par celles du croquis ou par le plan primitif lui-même, s'il est coté ; de déterminer les coordonnées d'un point quelconque du parcellaire et partant de fixer mathématiquement au moyen de celles-ci les lignes divisionnelles dont la position aurait été altérée ; de fixer aussi par la même voie la position de nouveaux points à introduire dans les plans par suite d'échanges, partages, ventes, etc.; d'avoir des contenances exactes et la facilité de toujours les déduire et les vérifier par le calcul. Enfin, par extension, elle est susceptible de donner l'hypsométrie de la contrée sur laquelle elle est appliquée et de fournir ainsi d'utiles renseignements aux sciences, à l'agriculture, aux travaux publics, à l'armée et à l'industrie. Si on assure la conservation du croquis, elle peut dispenser de surcharger les plans de cotes qui en altèrent toujours la netteté dans les villages et les contrées très-divisés ; le travail en est d'autant diminué et l'expression mathématique du périmètre de chaque parcelle n'en est pas moins déduite avec facilité et surtout avec certitude ; la question de temps et par conséquent de dépenses reste à peu près la même pour la construction des plans.

Les plans levés et cotés par les méthodes ordinaires ne peuvent supporter la comparaison avec ceux levés par la méthode décrite dans le cours de cet exposé, car ils ne peuvent fournir les distances qu'entre les points levés sur chaque ligne séparément, lesquels restent alors sans relations directes avec le reste du parcellaire ; d'où l'on peut conclure qu'à un moment donné, lorsque le temps aura commencé son œuvre de destruction, l'exactitude de l'ensemble deviendra illusoire. Nous ne dirons rien des plans ordinaires, chacun sait que la signature de leur auteur donne la mesure de la confiance qui doit leur être accordée.

**27**. Comme procédé scientifique, la méthode tétragonométrique, telle que nous l'entendons, est à l'abri de la critique, croyons-nous, et ne sera jamais sérieusement attaquée, tant il est facile de réfuter victorieusement les objections qui seraient faites à son encontre.

Cet essai la laisse encore à l'état embryonnaire, et pour la faire entrer dans le domaine de la pratique et la mettre à la portée de tous les géomètres, elle aurait besoin d'être développée et appuyée d'exemples ; c'est un nouveau travail que nous allons entreprendre dans le but de la vulgariser. Mais, pour un grand nombre de nos confrères, ce que nous en avons dit suffira et au-delà pour sa mise en pratique.

Malgré les sentiments d'aversion que trop de personnes éprouvent en général pour les innovations, surtout quand elles n'ont pas pour but d'accélérer le travail, MAIS DE LE RÉGULARISER ET D'ASSURER SON UTILITÉ POUR L'AVENIR, nous avons la satisfaction d'avoir été compris par quelques-uns de nos collègues, aussi amis du progrès qu'habiles dans l'art de lever les plans, et nous avons l'assurance de voir, dans le courant de la présente année, la tétragonométrie appliquée à des levés de grande étendue ; elle s'affirmera *par de sérieuses garanties d'exactitude* données aux propriétaires fonciers par sa supériorité sur les anciennes méthodes, et son application simple et facile justifiera nos prévisions.

## LIBRAIRIE-LITHOGR...

### A. PERRIN

CHAMBÉRY (SAVOIE)

*Impressions lithographiques et auto...*
*Articles de bureau.*

### DÉPOT

Des Cartes de l'Etat-Major italien au 1/50.000

LIVRES CLASSIQUES ET RELIGIEUX

**COMMISSION**

OUVRAGES ANCIENS ET MODERNES SUR LA SAVOIE, GUIDES DE MORTILLET, COVINO, BŒDEKER, JOANNE, ETC.

Carte géologique de Savoie, par MM. LORY, PILLET et VALLET. . . . . . . . . . . . . . . . . . 18 »
Carte physique et routière de la Savoie au 1/150.000. . . 8 50
Carte murale de la Savoie et de la Haute-Savoie au 1/150.000. . . . . . . . . . . . . . . . . 12 »
Cartes des 8 arrondissements de la Savoie et de la Haute-Savoie au 1/150.000, l'une. . . . . . . . . . . 2 »
Carte d'ensemble des 2 départements (avec armoiries) au 1/280.000. . . . . . . . . . . . . . . . . 6 »

*Toutes ces cartes sont montées sur toile et pliées au format de poche; la carte murale est vernie avec gorge et rouleau.*

*Flore de la Suisse et de la Savoie*, par le docteur BOUVIER. 10 »
*Géologie et Minéralogie de la Savoie*, par M. DE MORTILLET . . . . . . . . . . . . . . . . . 5 »
*Histoire de la Savoie*, en 3 vol., par V. DE SAINT-GENIS. 12 »

*Le catalogue de la Libraire Perrin est adressé franco aux personnes qui en font la demande.*

www.ingramcontent.com/pod-product-compliance
Ingram Content Group UK Ltd.
Pitfield, Milton Keynes, MK11 3LW, UK
UKHW020203200726
13856UKWH00003B/1161

9 782011 34554